BestMasters

Paul Schütze

Transversale Strahldynamik bei der Erzeugung kohärenter Synchrotronstrahlung

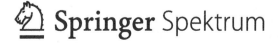

Paul Schütze
Hamburg, Deutschland

Masterarbeit Karlsruher Institut für Technologie, 2015.

u.d.T. Paul Schütze: „Untersuchung der transversalen Strahldynamik bei der Erzeugung kohärenter Synchrotronstrahlung"

BestMasters
ISBN 978-3-658-20385-6   ISBN 978-3-658-20386-3   (eBook)
https://doi.org/10.1007/978-3-658-20386-3

Die Deutsche Nationalbibliothek verzeichnet diese Publikation in der Deutschen National-bibliografie; detaillierte bibliografische Daten sind im Internet über http://dnb.d-nb.de abrufbar.

Springer Spektrum
© Springer Fachmedien Wiesbaden GmbH 2018

Gedruckt auf säurefreiem und chlorfrei gebleichtem Papier

Springer Spektrum ist Teil von Springer Nature
Die eingetragene Gesellschaft ist Springer Fachmedien Wiesbaden GmbH
Die Anschrift der Gesellschaft ist: Abraham-Lincoln-Str. 46, 65189 Wiesbaden, Germany

Inhaltsverzeichnis

1 Einleitung

Mit dem Synchrotron wurde in den 1940er Jahren eine Form des Teilchen-beschleunigers entwickelt, die heute in vielen Gebieten der Wissenschaft An-wendung findet [1]. Die Anwendungsbereiche lassen sich grob in zwei Grup-pen unterteilen: Zum einen ist es möglich, die beschleunigten Teilchen selbst als Produkt zu nutzen, wie es unter anderem in Experimenten der Hochener-giephysik und bei Anwendungen zu medizinischen Zwecken der Fall ist. Ein weiteres, großes Feld an Nutzungsmöglichkeiten für Teilchenbeschleuniger wird durch die Nutzung von Synchrotronstrahlung erschlossen. Diese elek-tromagnetische Strahlung entsteht bei der transversalen Beschleunigung von geladenen Teilchen, also in jedem Ringbeschleuniger. Das Synchrotron, als eine mögliche Form von Ringbeschleunigern, kann explizit auf deren Erzeu-gung hin ausgerichtet werden. Grund für die Vielfalt an Anwendungen der Synchrotronstrahlung sind unter anderem hohe Strahlungsintensitäten, die kurze Pulsdauer bei hoher Wiederholrate und das Abdecken eines breiten Bandes des elektromagnetischen Spektrums.

Der nutzbare Bereich des Spektrums der Synchrotronstrahlung reicht, ab-hängig von der Teilchenenergie, von langwelliger Strahlung im Infrarotbe-reich bis hin zur kurzwelligen, harten Röntgenstrahlung. Die Emission der Strahlung durch die Elektronen geschieht in der Regel inkohärent, da die im Ring befindlichen Elektronen elektromagnetische Wellen in gleicher Pha-se, aber an unterschiedlichen Positionen emittieren. Betrachtet man jedoch Wellenlängen, die oberhalb der Länge der Elektronenpakete (engl.: *bunches*) liegen, so werden die elektromagnetischen Wellen von allen Elektronen an-nähernd am selben Ort emittiert. Es kommt zur konstruktiven Überlagerung der Wellen und somit zu einer Verstärkung der Strahlungsleistung um einen Faktor, der der Elektronenanzahl in den Paketen entspricht. Dieser Effekt der kohärenten Synchrotronstrahlung (engl.: *coherent synchrotron radiation*, CSR) konnte im Jahr 1989 zum ersten Mal nachgewiesen werden und ermög-licht seither an Synchrotronstrahlungsquellen die Nutzung von hochintensi-ver, langwelliger Strahlung im Bereich der Mikrowellen- und Terahertzstrah-lung [2].

An der ANgströmquelle KArlsruhe (ANKA) am Karlsruher Institut für
Technologie (KIT) wird unter anderem zur Erzeugung von CSR regelmäßig der sogenannte Kurzbunchbetrieb durchgeführt, bei welchem die Länge
der Bunche im Vergleich zur üblichen Nutzung stark reduziert wird [3]. So
wird der Bereich der kohärent emittierten elektromagnetischen Strahlung
bis hin zu Frequenzen von einigen hundert Gigahertz erweitert. Die Erzeugung von CSR und die starke Kompression der Bunche führt jedoch zu
einem instabilen Verhalten der Elektronen: Es werden periodische Ausbrüche der Strahlung im THz-Bereich beobachtet, die auf die Ausbildung von
kurzlebigen Substrukturen in der Ladungsverteilung innerhalb der Bunche
zurückzuführen sind [4].

Um die stabile Erzeugung von CSR für größer werdende Bereiche des Spektrums möglich zu machen, ist es notwendig, ein immer besseres Verständnis für die im Kurzbunchbetrieb auftretenden Instabilitäten zu entwickeln.
Hierzu wurden an ANKA in den vergangenen Jahren diverse Studien durchgeführt [4, 5, 6]. Die vorliegende Arbeit ist ebenfalls in den Rahmen der
Untersuchungen dieser Instabilitäten einzuordnen. Sie hat zum Ziel, einen
besseren Einblick in deren Auswirkungen auf die Strahldynamik zu ermöglichen.

Die Schwerpunkte dieser Arbeit liegen zum einen auf Messungen zum besseren Verständnis der Strahldynamik im Kurzbunchbetrieb mit bereits vorhan-
dener Diagnostik, zum anderen auf der Inbetriebnahme eines eigens hierfür
geplanten experimentellen Aufbaus. Sie ist daher wie folgt gegliedert: Zunächst wird in Kapitel 2 auf die für diese Arbeit entscheidenden Grundlagen der Beschleunigerphysik eingegangen. Hierzu werden die Beschleunigung
von geladenen Teilchen, die Strahldynamik in Speicherringen sowie die Erzeugung von inkohärenter und kohärenter Synchrotronstrahlung und die zu
untersuchenden Instabilitäten thematisiert. Kapitel 3 gibt mit der Vorstellung der Synchrotronstrahlungsquelle ANKA, des Kurzbunchbetriebs und
der verwendeten Messstationen eine Übersicht über die Rahmenbedingun-
gen dieser Arbeit. In Kapitel 4 werden Messungen der Strahllage während
des Kurzbunchbetriebs vorgestellt und diskutiert, während der Aufbau des
Experiments zur gleichzeitigen Messung der Strahlposition und -größe sowie
die Charakterisierung des Systems in Kapitel 5 erläutert wird. Die mit einem im Vergleich zu Kapitel 5 leicht abgewandeltem Aufbau durchgeführten
Messungen der Strahlgröße an ANKA sind in Abschnitt 6.1 dargestellt, Abschnitt 6.2 zeigt schließlich erste Studien unter Verwendung des vollständigen

Aufbaus. Zuletzt wird ein Ausblick auf dessen weitere Einsatzmöglichkeiten als Instrument der Strahldiagnose gegeben.

2 Grundlagen der Beschleunigerphysik

Die Beschleunigung geladener Teilchen findet in der heutigen Zeit vielfältige Anwendungen, von der Erzeugung von Synchrotronstrahlung über Experimente zur Teilchenphysik bis hin zu medizinischen Behandlungen. In diesem Kapitel sollen die Grundlagen der Beschleunigerphysik im Vordergrund stehen, die für die Erzeugung von Synchrotronstrahlung entscheidend sind. Darüber hinaus wird ein Überblick über die Dynamik von Elektronen in Speicherringen gegeben.

2.1 Beschleunigung geladener Teilchen

Die Beschleunigung geladener Teilchen[1] basiert stets auf deren Wechselwirkung mit elektromagnetischen Feldern. Diese wird beschrieben durch die Lorentzkraft [7]:

$$\vec{F} = e \left(\vec{v} \times \vec{B} + \vec{E} \right) \tag{2.1}$$

Der durch ein magnetisches Feld $\vec{B}$ entstehende Anteil der Lorentzkraft wirkt senkrecht zum Feld und zu der Geschwindigkeit des Teilchens und verursacht somit eine Ablenkung. Der Anteil der Kraft, der aus einem elektrischen Feld $\vec{E}$ resultiert, bewirkt eine Beschleunigung entlang des Feldes. Die Energieänderung ΔE ist dann gegeben durch das Integral der Kraft über eine zurückgelegte Wegstrecke $\mathrm{d}\vec{r}$:

$$\Delta E = \int_{\vec{r}_1}^{\vec{r}_2} \vec{F} \, \mathrm{d}\vec{r} = e \int_{\vec{r}_1}^{\vec{r}_2} \left(\vec{v} \times \vec{B} + \vec{E} \right) \mathrm{d}\vec{r} \tag{2.2}$$

Mit $\mathrm{d}\vec{r} = \vec{v} \, \mathrm{d}t$ und $(\vec{v} \times \vec{B}) \cdot \vec{v} = 0$, ergibt sich

$$\Delta E = e \int_{\vec{r}_1}^{\vec{r}_2} \vec{E} \, \mathrm{d}\vec{r} = eV \tag{2.3}$$

---

[1] Sofern nicht anders erwähnt, wird im Folgenden auf Elektronen Bezug genommen. Daher wird als Ladung die Elementarladung e angenommen.

mit der Potentialdifferenz V zwischen den Punkten $\vec{r}_1$ und $\vec{r}_2$. Das bedeutet, dass mittels zeitlich konstanter, magnetischer Felder keine Energieänderung möglich ist. Diese werden jedoch zur Ablenkung, also der Strahlführung verwendet. Zur longitudinalen Beschleunigung von geladenen Teilchen werden elektrische Felder eingesetzt.

Die Ablenkung von geladenen Teilchen in einem homogenen Magnetfeld, welches senkrecht zum Geschwindigkeitsvektor ausgerichtet ist, lässt sich wegen der Gleichsetzung von Zentripetal- und Lorentzkraft durch eine Kreisbahn mit dem Radius

$$R = \frac{p}{eB} \tag{2.4}$$

beschreiben. Dies bietet die Grundlage für die Strahlführung in Kreisbeschleunigern.

Die Beschleunigung wird meist in elektrischen Wechselfeldern durchgeführt, hierfür wird eine Wechselspannung $V(t) = V_0 \sin(\omega t)$ verwendet. Das elektrische Wechselfeld wird von den Teilchen mehrfach durchlaufen, wobei der Energiegewinn pro Durchlauf einer Beschleunigungsstruktur zur Phase Ψ

$$\Delta E = eV_0 \sin(\Psi) \tag{2.5}$$

beträgt.

Je nach Art des Beschleunigers gibt es Unterschiede in der Realisierung des mehrfachen Durchlaufens von Beschleunigungsstrukturen. Man unterteilt die Familie der Teilchenbeschleuniger daher grundlegend in zwei Arten, die Linear- und die Kreisbeschleuniger.

In Linearbeschleunigern werden Teilchen beim einmaligen Durchlaufen einer oder mehrerer Beschleunigungsstrukturen auf die vorgesehene Energie gebracht und zum Beispiel für die Erzeugung von Synchrotronstrahlung verwendet. Beispiele für Linearbeschleuniger als Strahlungsquellen sind das derzeit am Karlsruher Institut für Technologie im Aufbau befindliche Experiment FLUTE [8] sowie der Freie-Elektronen-Laser XFEL am Gelände des DESY in Hamburg [9]. Darüber hinaus finden Linearbeschleuniger in der Medizintechnik, genauer in der Strahlentherapie Einsatz. Des Weiteren ist die Nutzung von Linearbeschleunigern für Kollisionsexperimente in der Teilchenphysik möglich. Ein Beispiel hierfür ist der lange Jahre in Betrieb gewesene Stanford Linear Collider [10], außerdem wird derzeit die Möglichkeit des Aufbaus eines neuen Linearbeschleunigers in der Hochenergiephysik untersucht [11].

Bei Kreisbeschleunigern werden dieselben Beschleunigungsstrukturen wiederholt durchlaufen, indem homogene Magnetfelder die Teilchen entsprechend Gleichung 2.4 auf eine geschlossene Bahn zwingen. So kann die Teilchenenergie bis hin zu gewissen Grenzen bei jedem Umlauf erneut gesteigert bzw. Energieverluste durch Synchrotronstrahlung ausgeglichen werden. Die beschleunigten Teilchen können für dasselbe Experiment mehrfach genutzt werden. Eine Art des Kreisbeschleunigers ist das Synchrotron, welches im folgenden Kapitel näher erläutert wird. Kreisbeschleuniger, oder genauer Speicherringe, finden ebenfalls vielseitige Anwendungsgebiete. Beispiele sind die Nutzung als Synchrotronstrahlungsquelle, wie es an ANKA der Fall ist oder die Anwendung in Experimenten der Hochenergiephysik, also für Kollisionsexperimente. Der bekannteste, momentan aktive Beschleuniger in diesem Bereich ist der Large Hadron Collider am CERN [12]. Des Weiteren finden Speicherringe auch in der Medizintechnik Einsatz, wie zum Beispiel am Heidelberger Ionenstrahl-Therapiezentrum HIT [13].

Da jeder Beschleunigertyp nur für gewisse Energiebereiche geeignet ist, kommen in fast allen Einrichtungen mehrere verschiedene Beschleuniger zum Einsatz, um die Teilchen nach und nach an die vorgesehene Energie heranzuführen.

2.2 Das Synchrotron

Das Synchrotron ist eine häufig verwendete Bauform des Kreisbeschleunigers. Im Gegensatz zu anderen Beschleunigertypen wie zum Beispiel dem Zyklotron, bei welchen das Magnetfeld konstant gehalten wird und sich der Radius der Kreisbahn mit ansteigender Energie bzw. Impuls ändert (vgl. Gl. 2.4), wird hier das Magnetfeld derart angepasst, dass der Ablenkradius konstant bleibt. Dies ermöglicht deutlich größere Bauformen von Beschleunigern und dementsprechend höhere erreichbare Teilchenenergien.

In einem Synchrotron befindet sich der Elektronenstrahl nicht über die gesamte Wegstrecke im homogenen Magnetfeld. Es werden zur Erzeugung einer geschlossenen Bahn Dipolmagnete verwendet, in deren Innerem ein homogenes Magnetfeld herrscht. In den geraden Abschnitten dazwischen werden magnetische Strahlführungselemente und Diagnoseinstrumente eingesetzt, um eine stabile Umlaufbahn, im Folgenden nach dem englischen Begriff *Orbit* genannt, zu realisieren.

In den geraden Abschnitten befinden sich darüber hinaus Beschleunigungsstrukturen, um die Energie der Teilchen zu erhöhen oder bei der gewünschten Energie die durch Synchrotronstrahlung entstehenden Verluste zu kompensieren. Hierfür werden Hohlraumresonatoren, im Folgenden *Cavities* genannt, verwendet. Es werden elektromagnetische Wellen in die Cavities eingekoppelt, sodass ein elektrisches Wechselfeld in Propagationsrichtung entsteht, welches zur Beschleunigung der Elektronen dient. Die Frequenz des Wechselfeldes f_{RF} liegt in der Regel im Bereich der Hochfrequenz (engl.: RF, *radio frequency*), von mehreren 100 MHz bis hin zu einigen GHz. Damit die Elektronen das Wechselfeld stets zur gleichen Phase durchlaufen, wird für die Beschlenigungsfrequenz ein Vielfaches der Umlauffrequenz gewählt. Die Umlauffrequenz berechnet sich aus dem Umfang L des Speicherrings für relativistische Teilchen als $f_{rev} = c/L$. Es gilt für Hochfrequenz und Umlauffrequenz die Beziehung

$$f_{RF} = h f_{rev} \qquad (2.6)$$

mit der harmonischen Zahl h. Da die Elektronenbewegung lediglich in einem eingegrenzten Bereich um die synchrone Phase des Beschleunigungsfeldes stabil ist, befindet sich im Speicherring kein kontinuierlicher Elektronenstrahl, sondern eine durch die harmonische Zahl vorgegebene Anzahl an möglichen Elektronenpaketen (engl.: *bunches*).

Die Anzahl der sich im Speicherring befindlichen Elektronen N wird meist über den Strahlstrom angegeben:

$$I = N e f_{rev}. \qquad (2.7)$$

2.3 Strahldynamik

Für ein Teilchen mit dem vorgesehenen Impuls p_0 kann in einem Speicherring eine ideale, geschlossene Umlaufbahn definiert werden, die sogenannte Sollbahn. Um die Abweichung der Bahn eines beliebigen Teilchens im Vergleich hierzu zu beschreiben, wird ein Koordinatensystem verwendet, dessen Ursprung im Referenzteilchen liegt. Die z-Achse führt immer tangential zur Sollbahn, die x-Achse entspricht der Ebene, in der die Ablenkung durchgeführt wird, also in der Regel der horizontalen Ebene. Der sechdimensionale

Vektor $\vec{x}(t) = (x, x', y, y', z, \Delta p)$ gibt somit zu jeder Zeit die Position und den longitudinalen Impuls des Teilchens relativ zu denen des Referenzteilchens, sowie die Divergenzen $x' = \frac{dx}{dz}$ bzw. $y' = \frac{dy}{dz}$ an.

Wegen der endlichen Ausdehnung, Divergenz und Impulsverteilung der Bunche ist es für die Erhaltung einer stabilen Umlaufbahn notwendig, zusätzlich zu den Cavities zur Beschleunigung und den Ablenkmagneten weitere, fokussierende Strahlführungselemente einzuführen. In der transversalen Ebene dienen Quadrupolmagnete zur Fokussierung des Strahls, die longitudinale Fokussierung wird durch das elektrische Wechselfeld zur Beschleunigung herbeigeführt.

2.3.1 Transversale Strahldynamik

Eine transversale Fokussierung des Elektronenstrahls wird mit Hilfe von Quadrupolmagneten vorgenommen. Das Magnetfeld im Inneren dieser Magnete ist linear abhängig von der Position im Magneten [14]:

$$B_x = -gy \tag{2.8}$$
$$B_y = gx, \tag{2.9}$$

wobei g der Gradient des Feldes ist. Oft wird die Quadrupolstärke

$$k = \frac{e}{p}g \tag{2.10}$$

verwendet. Durch den Gradienten des Feldes durchlaufen Elektronen, die den Quadrupol mit einem höheren Abstand von der Mitte passieren, ein stärkeres Magnetfeld und erfahren eine stärkere Ablenkung als die Elektronen näher an der Strahlachse. Der Feldverlauf in Quadrupolen hat jedoch zur Folge, dass die resultierende Kraft auf die Elektronen nur auf einer der transversalen Achsen als Rückstellkraft wirkt, der Strahl also fokussiert wird. Für die andere Achse ist diese Kraft nach außen gerichtet und defokussiert den Strahl. Eine umgekehrte Ausrichtung des Magnetfeldes kehrt dieses Verhalten um, die Fokussierung findet nun in der zuvor defokussierten Ebene statt. Daher werden in einem Speicherring sowohl horizontal als auch vertikal fokussierende Quadrupole verwendet.

Analog zu Linsen in der Optik besitzen Quadrupolmagnete eine Brennweite, die sich durch

$$f = -\frac{1}{kl} \qquad (2.11)$$

mit der Länge des Quadrupols l berechnet. Diese Brennweite ist über die Quadrupolstärke abhängig von Impuls p der Teilchen, wie aus Gleichung 2.10 hervorgeht. Dies führt, ebenfalls analog zur Optik, zu chromatischen Fehlern. Zum Ausgleich von chromatischen Aberrationen und Gradientenfehlern, also Nichtlinearitäten im Feldverlauf, werden Sextupolmagnete verwendet.

Wird zunächst von Elektronen mit gleichem Impuls ausgegangen, kann für die Bewegung im magnetischen Dipolfeld und im Feld von Quadrupolmagneten eine Bewegungsgleichung aufgestellt werden, die Hillsche Differentialgleichung:

$$u''(z) + K(z)u(z) = 0 \qquad (2.12)$$

mit u als Koordinate x oder y, und $K_x(z) = k(z) + 1/R(z)^2$, wobei $R(z)$ der örtliche Ablenkradius im Dipolmagneten ist, bzw. $K_y(z) = -k(z)$.

Die Lösung dieser Differentialgleichung ist gegeben durch

$$u(z) = \sqrt{\epsilon\beta(z)} \cos\left(\psi(z) + \psi_0\right), \qquad (2.13)$$

mit der Einzelteilchenemittanz ϵ, der Beta-Funktion $\beta(z)$ und der Phase ψ. Die Emittanz ist als die von der Trajektorie eines Teilchens im Phasenraum (u, u') eingeschlossene, durch eine Ellipse beschriebene, Fläche zu verstehen. Aufgrund der Erhaltung des Phasenraumvolumens nach dem Theorem von Liouville ist diese Fläche unter der Einwirkung von ausschließlich konservativen Kräften konstant, während sich die Ausrichtung und Form der Ellipse stetig ändern.

Die Beta-Funktion gibt eine Einhüllende der Schwingung einzelner Teilchen um die Sollbahn, auch Betatronschwingung genannt, an und ist gleichzeitig mit der Phase verknüpft, die sich durch

$$\psi(z) = \int_0^z \frac{\mathrm{d}z}{\beta(z)} \qquad (2.14)$$

berechnet. Das bedeutet, dass der Phasenvorschub sich über die Wegstrecke nicht linear verhält, die Schwingung also nicht an jeder Stelle eines Speicherrings gleichmäßig schnell abläuft. In Abbildung 2.1 sind Bahnen mehrerer

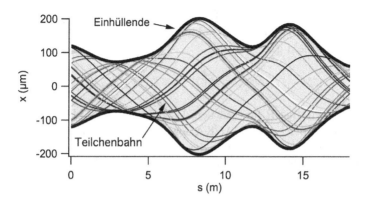

Abbildung 2.1: Darstellung mehrerer Teilchenbahnen für unterschiedliche Anfangsphasen. Die Einhüllende aller möglichen Bahnen ist durch die Emittanz und die Beta-Funktion mit $\sqrt{\epsilon\beta(z)}$ gegeben. Nach [7, S. 90]

Teilchen mit unterschiedlicher Anfangsphase ψ_0 sowie die Einhüllende dargestellt.

Die Anzahl der Schwingungen pro Umlauf des Speicherrings mit dem Umfang L wird *Tune* Q_u genannt, lässt sich über den Phasenvorschub berechnen und stellt das Verhältnis aus der Frequenz der Betatronschwingung und der Umlauffrequenz dar:

$$Q_u = \frac{\psi(L)}{2\pi} = \frac{1}{2\pi} \int_0^L \frac{\mathrm{d}z}{\beta(z)} = \frac{f_\beta}{f_{rev}}. \tag{2.15}$$

Bis zu diesem Punkt wurde angenommen, dass alle Teilchen denselben Impuls p_0 besitzen. Werden nun kleine Abweichungen Δp zugelassen, kommt es zu dispersiven Effekten in den Dipolmagneten, da Teilchen mit unterschiedlichem Impuls anhand Gleichung 2.4 verschieden stark abgelenkt werden. Es ergibt sich ein Korrekturterm zu Gleichung 2.13:

$$u(z) = \sqrt{\epsilon\beta(z)}\cos\left(\psi(z) + \psi_0\right) + D(z)\frac{\Delta p}{p_0}. \tag{2.16}$$

$D(z)$ wird die Dispersionsfunktion genannt und lässt sich anhand der Magnetoptik berechnen. Für die Ablenkung in einem Dipolmagneten mit homogenem Magnetfeld gilt

$$D(z) = R \left(1 - \cos \left(\frac{z}{R} \right) \right) \qquad (2.17)$$

mit dem Ablenkradius R für Teilchen des Impulses p_0. Abbildung 2.2 zeigt am Beispiel des Speicherrings ANKA sowohl die Beta-Funktionen als auch die Dispersionsfunktion über einen der vier optisch gleich aufgebauten Sektoren. Da die Ablenkung in den Dipolmagneten lediglich in der horizontalen Ebene stattfindet, kann von $D_y(z) = 0$ ausgegangen werden.

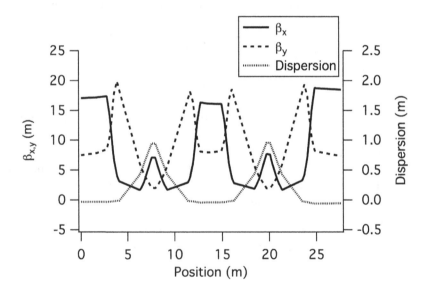

Abbildung 2.2: Darstellung der optischen Funktionen über einen der vier Sektoren des Speicherrings ANKA. Die Beta-Funktionen sind über die Emittanz verknüpft zu den in Abbildung 2.1 dargestellten Einhüllenden und damit entscheidend für die transversale Strahlgröße. Die Dispersionsfunktion gibt die Abweichung der Bahn eines Teilchens mit der Impulsabweichung $\Delta p/p_0 = 1$ von der Sollbahn an. [15]

Wie in den Dipolmagneten führen Abweichungen des Teilchenimpulses vom Sollwert auch in Quadrupolmagneten zu unterschiedlichen Ablenkungen. Analog zur Linsenoptik spricht man hier von Farbfehlern. Dies verursacht, dass Teilchen mit dem Impuls $p_0 + \Delta p$ einen leicht verschiedenen Tune besitzen. Die Abweichung des Tunes von dem des Sollteilchens wird durch die Chromatizität Q' beschrieben:

$$\Delta Q = Q' \frac{\Delta p}{p_0}. \tag{2.18}$$

Da jedes Elektron eine leicht unterschiedliche Einzelteilchenemittanz besitzt und die Verteilung einer statistischen Verteilung folgt, wird für einen gesamten Bunch die Emittanz ϵ als Breite dieser Verteilung definiert. Die Breite der Impulsverteilung wird mit σ_p angegeben. Die transversale räumliche Ausdehnung des Bunches, genannt Strahlgröße, wird durch die Amplitude der Betatronschwingung nach Gleichung 2.16, zuzüglich eines durch dispersive Effekte entstehenden Korrekturterms beschrieben:

$$\sigma_u(z) = \sqrt{(\epsilon \beta(z)) + \left(D(z) \frac{\sigma_p}{p_0} \right)^2}. \tag{2.19}$$

2.3.2 Longitudinale Strahldynamik

Die Impulsverteilung der Elektronen führt ohne eine entsprechende Fokussierung zu einem longitudinalen Auseinanderdriften der Bunche. Verhindert wird dies durch die Fokussierung in den beschleunigenden Elementen, den Cavities.

Als Modell kann sich ein Speicherring mit einer einzigen Cavity vorgestellt werden. Diese gleicht die Energieverluste durch Synchrotronstrahlung aus, indem ein auf der Sollbahn befindliches Teilchen mit Impuls p_0 das elektrische Feld zur synchronen Phase Ψ_s durchläuft. Somit entspricht der Energiegewinn für einen Durchlauf des elektrischen Feldes gerade dem Energieverlust eines Elektrons über einen Umlauf des Speicherrings U_0. Anhand Gleichung 2.5 ergibt sich

$$\Delta E = eV_0 \sin(\Psi_s) = U_0. \tag{2.20}$$

Besitzt ein Elektron zu Beginn des Umlaufs einen leicht erhöhten Impuls

($\Delta p > 0$), wird auf Grund der Dispersion eine andere Bahn von dem Elektron beschrieben, die zurückgelegte Strecke ist um ΔL länger. Da im Falle hochrelativistischer Elektronen die Geschwindigkeitsdifferenz für kleine Impulsabweichungen vernachlässigt werden kann, trifft das Teilchen wegen der weiteren Umlaufbahn später am Beschleunigungselement ein und somit zu einer zur synchronen Phase leicht verschobenen Phase des Wechselfeldes. Das Elektron erfährt dann eine geringere Beschleunigung als zur synchronen Phase und nähert sich somit wieder dem Sollimpuls p_0 und damit über mehrere Umläufe an Ψ_s an. Elektronen mit niedrigerem Impuls ($\Delta p < 0$) beschreiben im Gegensatz dazu eine kürzere Umlaufbahn, benötigen dafür weniger Zeit, werden stärker beschleunigt und somit ebenfalls an den Sollimpuls herangeführt. Dieses Verhalten wird Phasenfokussierung genannt und ist in Abbildung 2.3 schematisch dargestellt.

Wird ein Elektron, ursprünglich mit $\Delta p > 0$ und der resultierenden Phasenabweichung $\varphi = \Psi - \Psi_s > 0$, über mehrere Umläufe hinweg zur synchronen Phase hin fokussiert, indem der Impuls verringert wird, besitzt es im Moment des Durchlaufs der synchronen Phase jedoch noch einen zu geringen

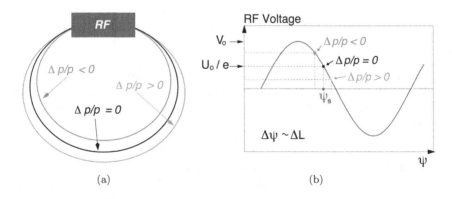

(a)   (b)

Abbildung 2.3: Prinzip der Phasenfokussierung. Aufgrund von leichten Abweichungen zum Sollimpuls werden von den Elektronen unterschiedlich lange Bahnen beschrieben (a). So gelangen Teilchen mit höherem Impuls später zurück zur Beschleunigungsstruktur, erfahren eine geringere Beschleunigung (b) und nähern sich somit wieder dem idealen Impuls p_0 an. [16]

Impuls und gerät über diese hinaus zu einer Phasenabweichung $\varphi < 0$. Dies führt zu einer Oszillation der Phasendifferenz φ und der Impulsabweichung Δp, der Synchrotronoszillation.

Die Frequenz der Synchrotronoszillation für hochrelativistische Elektronen beträgt [14]

$$f_s = f_{rev} \sqrt{\frac{h\alpha_c}{2\pi E} eV_0 \cos(\Psi_s)}. \tag{2.21}$$

Oft wird auch der Synchrotron Tune angegeben:

$$Q_s = \frac{f_s}{f_{rev}}, \tag{2.22}$$

wobei h die harmonische Zahl und α_c der *Momentum-Compaction-Faktor* ist. Dieser ist ein Maß für die Änderung der Wegstrecke in Abhängigkeit von der Impulsabweichung der Teilchen,

$$\frac{\Delta L}{L_0} = \alpha_c \frac{\Delta p}{p_0}, \tag{2.23}$$

und ergibt sich aus dem Integral der Dispersionsfunktion über einen vollständigen Umlauf des Speicherrings:

$$\alpha_c = \frac{1}{L} \int_0^L \frac{D(z)}{R(z)} dz \tag{2.24}$$

Anhand der Synchrotronfrequenz und der Energieverteilung σ_p lässt sich die natürliche RMS-Bunchlänge berechnen:

$$\sigma_z = \frac{c|\alpha_c|}{2\pi f_s} \frac{\sigma_p}{p_0}. \tag{2.25}$$

Analog zur Betatronschwingung beschreibt ein Elektron während der Synchrotronschwingung ebenfalls eine Ellipse im Phasenraum, in diesem Fall im longitudinalen Phasenraum $(z, \Delta p)$. Wegen des periodischen Verlaufs des elektromagnetischen Wechselfeldes ist die Stabilität der Schwingung von dessen Phase abhängig. In Abbildung 2.3 (b) ist verdeutlicht, dass die Phasenfokussierung auf der abfallenden Flanke des Spannungsverlaufs erfolgt. Befindet sich ein Elektron auf der ansteigenden Flanke, wirkt dieser Effekt entgegengesetzt und ein Teilchen, das nicht exakt den Sollimpuls besitzt,

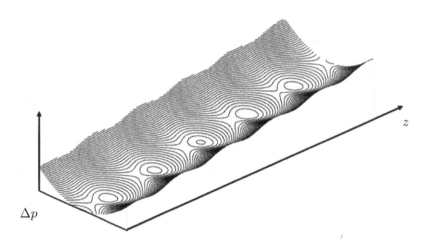

Abbildung 2.4: Darstellung des Potentials im longitudinalen Phasenraum über mehrere Perioden der Wechselspannung. Die stabilen Bereiche, die von geschlossenen Äquipotentiallinien, also möglichen Phasenraumellipsen, eingeschlossen werden, werden RF-Buckets genannt. [14, S. 210]

wird aus diesem Bereich verdrängt. Dieser Phasenbereich ist also nicht stabil. In Abbildung 2.4 ist das Potential im Phasenraum über mehrere Perioden der Wechselspannung dargestellt. Die stabilen Bereiche im Phasenraum werden *RF-Buckets* genannt und sind der Grund für die Bildung von Bunchen. Die Anzahl der RF-Buckets über einen Speicherring hinweg entspricht der Anzahl der möglichen Bunche und somit der harmonischen Zahl h.

2.4 Synchrotronstrahlung

Werden geladene Teilchen in einem magnetischen Feld abgelenkt, so kann die Emission von elektromagnetischer Strahlung tangential zur Teilchenbahn beobachtet werden. Diese Strahlung, auf deren Eigenschaften in diesem Kapitel eingegangen wird, wird Synchrotronstrahlung genannt.

Die Leistung der emittierten Strahlung eines Elektrons kann nach [7, S. 38 ff.]

berechnet werden durch

$$P_s = \frac{e^2 c}{6\pi\epsilon_0} \frac{1}{R^2} \frac{E^4}{(m_0 c^2)^4} \tag{2.26}$$

mit der Dielektrizitätskonstante ϵ_0, dem lokalen Ablenkradius R, der Teilchenenergie E und deren Ruhemasse m_0. Die Proportionalität $P_s \propto (m_0)^{-4}$ macht deutlich, dass zur Erzeugung von Synchrotronstrahlung die Beschleunigung von Elektronen wegen deren geringer Masse von Vorteil ist.

Gleichzeitig bringt dies für Teilchenbeschleuniger für hohe Energien eine starke Problematik mit sich, wie die Berechnung des Energieverlusts über einen Umlauf zeigt:

$$\Delta E = \oint P_s \frac{\mathrm{d}z}{R(z)^2} = \frac{e^2}{3\epsilon_0} \frac{1}{R} \frac{E^4}{(m_0 c^2)^4}. \tag{2.27}$$

Somit ist also auch der Energieverlust für die leichten Elektronen deutlich höher. Diese Energie muss den Teilchen in den Beschleunigungsstrecken wieder zugeführt werden.

Das Spektrum der emittierten Synchrotronstrahlung ist stark von der Teilchenenergie abhängig [7]. Abbildung 2.5 zeigt das inkohärente Synchrotronstrahlungsspektrum am Beispiel der Synchrotronstrahlungsquelle ANKA für eine Energie von $1,3\,\mathrm{GeV}$. Das Spektrum wird häufig durch die kritische Frequenz

$$\omega_c = \frac{3c\gamma^3}{2R} \tag{2.28}$$

mit γ als relativistischem Lorentzfaktor charakterisiert. Die kritische Frequenz entspricht der Frequenz, die das Spektrum anhand der emittierten Leistung in zwei gleich große Hälften teilt. Weiterhin wird oftmals die typische Frequenz angegeben, bei welcher das Strahlungsspektrum ihr Maximum besitzt:

$$\omega_{typ} \approx \pi\omega_c = \frac{3\pi c\gamma^3}{2R}. \tag{2.29}$$

Eine weiterere interessante Eigenschaft der Synchrotronstrahlung ist die Winkelverteilung der abgestrahlten Photonen. Im Ruhesystem der Elektronen entspricht die Winkelverteilung der eines Hertz'schen Dipols, wie in Abbildung 2.6 (a) zu sehen ist. Über eine Lorentztransformation kann diese Verteilung für ein im Vergleich zum Elektron bewegtes Bezugssystem be-

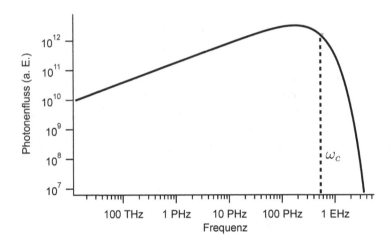

Abbildung 2.5: Darstellung des Synchrotronstrahlungsspektrums an der Synchrotronstrahlungsquelle ANKA mit der typischen Frequenz ω_c für eine Strahlenergie von 1,3 GeV.

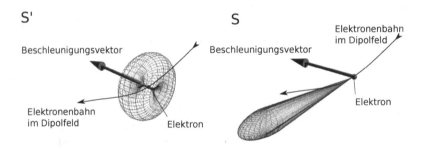

Abbildung 2.6: Die Winkelverteilung der emittierten Synchrotronstrahlung im Ruhesystem des Elektrons entspricht einem Hertz'schen Dipol. Die Lorentztransformation für hochrelativistische Elektronen in das Bezugssystem des Beobachters bewirkt eine Verformung zu einem schmalen Strahlungskegel, tangential zur Trajektorie. [17]

rechnet werden. Für höhere Lorentzfaktoren γ verändert sich die Verteilung dahingehend, dass ein nach vorne gerichteter Strahlungskegel entsteht (siehe Abb. 2.6 (b)), dessen Öffnungswinkel

$$\tan \Theta \approx \frac{1}{\gamma} \qquad (2.30)$$

beträgt. Im Fall der Synchrotronstrahlungsquelle ANKA werden Elektronen auf eine Energie von bis zu 2,5 GeV beschleunigt, wodurch sich ein Lorentzfaktor von $\gamma \approx 4892$ ergibt. Der Öffnungswinkel beträgt somit $\Theta \approx 0,012°$.

2.5 Kohärente Synchrotronstrahlung

Der Effekt der kohärenten Synchrotronstrahlung (engl.: *coherent synchrotron radiation*, CSR) bietet die Möglichkeit, sehr hohe Strahlungsleistungen im Bereich der Mikrowellen- und Terahertzstrahlung zu erreichen. Kohärente Synchrotronstrahlung entsteht, wenn die Länge σ_z eines Bunches kleiner als oder in der selben Größenordnung wie die emittierte Wellenlänge λ ist: $\sigma_z \leq \lambda$. Ist diese Bedingung erfüllt, werden die Photonen der im Bunch befindlichen Elektronen annähernd phasengleich emittiert. Dies bewirkt eine Verstärkung der Strahlungsleistung in dem entsprechenden Bereich des Synchrotronstrahlungsspektrums. Im Vergleich zur inkohärenten Strahlungsleistung $P_{incoh.}$ eines Bunches von N Elektronen gilt für die kohärente Leistung [14, S. 780 ff.]

$$P_{coh.} = P_{incoh.} \left(1 + (N-1) f(\sigma_z, \lambda)\right), \qquad (2.31)$$

wobei $f(\sigma_z, \lambda)$ Formfaktor genannt wird. Für eine gaußsche longitudinale Ladungsverteilung innerhalb des Bunches gilt

$$f(\sigma_z, \lambda) = \exp\left(-4\pi^2 \left(\frac{\sigma_z}{\lambda}\right)^2\right). \qquad (2.32)$$

Die maximale Verstärkung der Strahlungsleistung beträgt also N, wobei die Anzahl an Elektronen in einem Bunch sich meist in der Größenordnung 10^8 - 10^{10} befindet. Abbildung 2.7 zeigt die Verstärkung von Teilen des elektromagnetischen Spektrums durch den Effekt der kohärenten Synchrotronstrahlung.

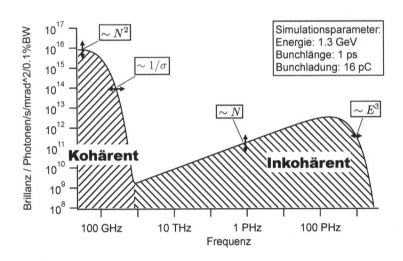

Abbildung 2.7: Vergleich des inkohärenten und des kohärenten Synchrotronstrahlungsspektrums. Die Verstärkung für große Wellenlängen kommt durch die kohärente Emission von Photonen zustande und bewirkt Verstärkungen der Strahlungsleistung bis zu einem Faktor der Teilchenanzahl in einem
Elektronenpaket.

2.6 Microbunching-Instabilitäten

Um den Bereich der kohärenten Synchrotronstrahlung für immer höhere
Frequenzen zugänglich zu machen, wird an einigen Strahlungsquellen die
natürliche Bunchlänge durch die Anpassung der Strahloptiken verkleinert.
Hierbei treten jedoch Nebeneffekte auf, die zur Verminderung der Lebens-
dauer des Strahls bis hin zu abrupten Strahlverlusten führen können. Darüber hinaus kommt es zu Instabilitäten in der Ladungsverteilung der Bunche,
diese werden aufgrund ihrer Charakteristiken *Microbunching-Instabilitäten*,
Mikrowellen-Instabilitäten oder *Bursting* genannt.

Durch die longitudinale Kompression von Elektronenpaketen und die daraus resultierende verstärkte Emission von kohärenter Synchrotronstrahlung
kommt es in Speicherringen zu verstärkten Wechselwirkungen zwischen den
Elektronen und zwischen den Elektronenpaketen. Gründe hierfür sind die
Impedanz des Strahlrohrs und die kohärente Synchrotronstrahlung selbst.

Die geometrische Impedanz entsteht durch Unebenheiten des Strahlrohres und die Tatsache, dass dieses kein perfekter elektrischer Leiter ist [18]. Da ein komprimierter Bunch starke elektromagnetische Felder besitzt, entsteht eine Wechselwirkung derer mit dem Strahlrohr und eine Rückkopplung auf den Bunch, deren Stärke durch die Impedanz quantifiziert wird. Bewegen sich Elektronen zum Beispiel durch eine verengte Apertur, entsteht an dieser Stelle eine elektrische Spannung innerhalb des Strahlrohres, welche die nachfolgenden Elektronen ablenkt. Das entsprechende elektrische Feld wird Wakefeld (engl.: *wake field*) genannt. Es kann so zu Wechselwirkungen innerhalb eines Bunches und auch zwischen benachbarten Bunchen kommen.

Das elektrische Feld der kohärenten Synchrotronstrahlung selbst kann ebenfalls auf Elektronen innerhalb des Bunches wirken, von welchem sie emittiert wird. Grund hierfür ist die gekrümmte Flugbahn der Elektronen innerhalb eines Ablenkmagneten und der endliche Öffnungswinkel des Strahlungskegels. So kreuzt die elektromagnetische Strahlung, die leicht in Richtung der Ablenkung der Elektronen emittiert wird, die gekrümmte Flugbahn des eigenen Bunches und wirkt wegen des direkteren Weges auf Elektronen, die sich weiter vorne im Bunch befinden. Analog zum Begriff der geometrischen Impedanz spricht man hier von der CSR-Impedanz.

Diese beiden Effekte verursachen eine Abweichung der longitudinalen Ladungsverteilung von der natürlichen Gaußverteilung, die den Eindruck eines sich in Flugrichtung lehnenden Bunches erweckt [19]. Die Berechnung der Ladungsverteilung ist durch die Haissinski-Gleichung möglich. Darüber hinaus bilden sich bei Strömen oberhalb eines Schwellenwertes in der longitudinalen Ladungsverteilung Substrukturen aus, welche sich auf kurzen Zeitskalen von einigen Millisekunden stetig verändern. Das Auftreten der kurzlebigen Änderungen im longitudinalen Strahlprofil wird Microbunching-Instabilität genannt.

Ein positiver Effekt der Ausbildung von Substrukturen ist die Erweiterung des Spektrums der emittierten kohärenten Synchrotronstrahlung. Grund hierfür ist, dass diese Strukturen einen Einfluss auf den Formfaktor haben, und damit wegen Gleichung 2.31 auch auf die spektrale Leistung der kohärenten Synchrotronstrahlung. Die Microbunche, die deutlich kürzer als die Bunchlänge sind, erfüllen also die Kohärenzbedingung $\sigma_z \leq \lambda$ für kleinere Wellenlängen bzw. höhere Frequenzen und erweitern das Spektrum der Synchrotronstrahlung über die sogenannte Kohärenzkante, also den Bereich $\lambda \approx \sigma_z$, in dem die kohärente Leistung abnimmt, hinaus. Die Leistung ist wegen der geringen Ausprägung der Microbunche deutlich geringer als die der stabilen kohärenten Synchrotronstrahlung, wie Abbildung 2.8 zeigt.

Die Kurzlebigkeit dieser Strukturen bewirkt in diesem Bereich des Spektrums, dem Bereich der THz-Strahlung, starke Schwankungen der Intensität. Wegen der zeitlichen Struktur der Schwankungen, den ständigen Ausbrüchen von THz-Strahlung, wird dieses Verhalten auch Bursting genannt.

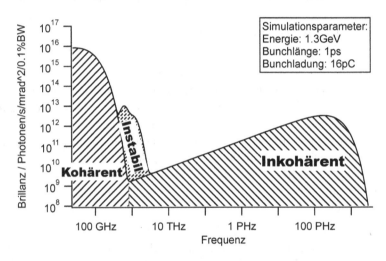

Abbildung 2.8: Spektrum der Synchrotronstrahlung im Kurzbunchbetrieb bei ANKA. Für eine Bunchlänge von $\sigma_z = 1\,\mathrm{ps}$ und eine Anzahl von 10^8 Elektronen zeigt die Grafik den inkohärenten Verlauf der Synchrotronstrahlung, die von der Bunchlänge abhängige Kohärenzkante und eine Skizze des daran anschließenden, instabilen Bereichs, welcher durch die kurzlebigen Substrukturen der Elektronenpakete entsteht.

3 ANKA

Die Synchrotronstrahlungsquelle ANKA am Campus Nord des Karlsruhe Instituts für Technologie (KIT) wurde im Jahr 2000 in Betrieb genommen. In diesem Kapitel wird der Aufbau der Strahlungsquelle, der für viele der im Rahmen dieser Arbeit durchgeführten Messungen verwendete Kurzbunchbetrieb, sowie die für diese Messungen genutzten Messstationen vorgestellt.

3.1 Vorbeschleuniger

Für den Betrieb einer Synchrotronstrahlungsquelle müssen freie Elektronen erzeugt und auf die gewünschte Energie beschleunigt werden. Da der mögliche Energiebereich eines Speicherrings begrenzt ist, kommen mehrere Teilchenbeschleuniger zum Einsatz, die die Elektronen nacheinander an die Zielenergie heranführen.

An ANKA werden die freien Elektronen in einer Elektronenkanone (engl.: *electron gun*) erzeugt, einer thermischen Elektronenquelle, die diese auf eine Energie von 90 keV beschleunigt. In dem darauf folgenden Rennbahnmikrotron erreichen die Elektronen eine Energie von 53 MeV, mit welcher sie in das Booster-Synchrotron geleitet werden. Hier werden die Elektronen auf eine Energie von 0,5 GeV beschleunigt und anschließend in den Speicherring injiziert. Diese Beschleunigerkaskade wird mit einer einer Rate von 1 Hz so lange wiederholt, bis der gewünschte Strahlstrom im Speicherring erreicht ist. Danach werden die Elektronen im Speicherring auf die für den jeweiligen Betrieb benötigte Energie zwischen 0,5 GeV und 2,5 GeV gebracht.

3.2 Speicherring

Der Speicherring kann mit einer maximalen Energie von 2,5 GeV betrieben werden. Diese ermöglicht die Erzeugung von harter Röntgenstrahlung. Für die Erzeugung von kohärenter Synchrotronstrahlung im THz-Bereich wurde ein Kurzbunchbetrieb eingeführt, auf den im nachfolgenden Abschnitt eingegangen wird.

Einen Überblick über den Beschleuniger ANKA sowie die angeschlossenen *Beamlines* bietet Abbildung 3.1. Die Synchrotronstrahlung wird in den 16 Dipolmagneten sowie in den *Insertion Devices* erzeugt. Letztere bestehen in der Regel aus einer periodischen Anordnung von Magneten mit abwechselnder Ausrichtung, sodass von den Elektronen eine wellenförmige Bahn beschrieben wird. Die mehrfache Ablenkung der Elektronen führt zu einer hochintensiven Abstrahlung von Synchrotronstrahlung. Der an den Beamlines verwendete Teil des Strahlungsspektrums reicht, je nach Anforderungen, von Infrarotstrahlung über ultraviolettes Licht bis hin zur harten Röntgenstrahlung.

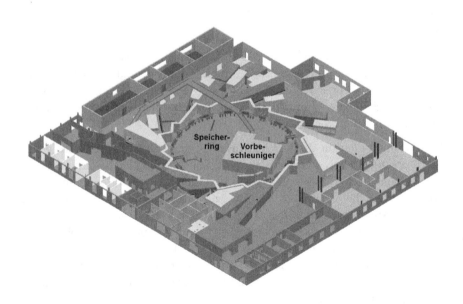

Abbildung 3.1: Überblick über die ANKA Halle. Tangential zum Speicherring verlaufen die Labore der Beamlines. Die dunklere Schattierung einiger Beamlines bedeutet, dass hier Röntgenstrahlung für die Experimente verwendet wird. In dem Bau in der Mitte des Speicherrings befinden sich die Vorbeschleuniger. [20]

Aus Gründen der Stabilität des Elektronenstrahls werden an Speicherringen nicht alle RF-Buckets mit derselben Anzahl an Elektronen, also demselben Bunchstrom gefüllt, sodass sich sich ein Füllmuster ergibt. Bei ANKA besteht das Füllmuster meist aus drei oder vier sogenannten Zügen zu je 33 Bunchen. Eine größere Lücke ist zur Vermeidung von Instabilitäten notwendig. So kann ein Strahlstrom von typischerweise 180 mA gespeichert werden. Die Messung eines typischen Füllmusters mit der Methode der zeitlich korrelierten Einzelphotonenzählung (engl.: *Time Correlated Single Photon Counting*, TCSPC) [21] im *Multi-Bunch-Betrieb* ist in Abbildung 3.2 dargestellt. Darüber hinaus ist ein *Single-Bunch-Betrieb* möglich, also der Betrieb mit nur einem einzigen gefüllten RF-Bucket, was für einige Beschleunigerstudien von Vorteil ist. Mit Hilfe des im Jahr 2013 an ANKA installierten *Bunch-By-Bunch Feedbacksystems* (BBB) kann das Füllmuster des Speicherrings beliebig angepasst werden, indem die Ladung einzelner Bunche gezielt reduziert wird [22].

Tabelle 3.1: Grundlegende Parameter des Speicherrings der Synchrotronstrahlungsquelle ANKA

Energie E	0,5 - 2,5 GeV
Umfang	110,4 m
Umlauffrequenz f_{rev}	2,715 MHz
Hochfrequenz f_{RF}	499,7 MHz
Min. Bunchabstand	2 ns
Harmonische Zahl h	184
Emittanz ϵ	50 nmrad

3.3 Kurzbunchbetrieb

Für die meisten in dieser Arbeit vorgestellten Messungen wurde der sogenannte Kurzbunchbetrieb (engl.: *short bunch operation*, oft auch *low-α_c mode*) verwendet, welcher in der Regel bei einer Energie von 1,3 GeV durchgeführt wird. Grund für die Wahl der Energie ist das Minimum der Bunchlänge, welches, je nach Einstellung der Maschine, im Bereich zwischen

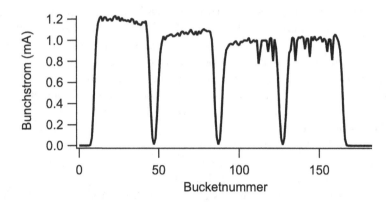

Abbildung 3.2: Beispiel für ein typisches Füllmuster an ANKA, bestehend
aus vier Zügen zu je 33 Bunchen. Eine größere Lücke von ca.
30 RF-Buckets ist zur Vermeidung von Instabilitäten notwendig. Zur Messung des Füllmusters wurde die Methode der
zeitlich korrelierten Einzelphotonenzählung (TCSPC, [21])
verwendet. Zur besseren Übersicht wurden die Datenpunkte
mit einer Linie verbunden.

0,8 GeV und 1,3 GeV erreicht wird, wie die Bunchlängenmessung mittels
einer *Streak Camera* in Abbildung 3.3 zeigt [3].

Um die Bunchlänge weiter zu verringern, wird für den Kurzbunchbetrieb die
Magnetoptik des Speicherrings dahingehend angepasst, dass der Momentum-
Compaction-Faktor α_c verringert wird. Dies wird erreicht, indem in den
optischen Funktionen Bereiche mit negativer Dispersion eingeführt werden
und somit das Integral aus Gleichung 2.24 reduziert wird. Abbildung 3.4
zeigt die Optikfunktionen für den normalen Betrieb (a) sowie ein Beispiel
einer Optik für den Kurzbunchbetrieb (b) bei einer Energie von 1,3 GeV.
Die RMS-Bunchlänge kann so von 45 ps (Nutzerbetrieb, 2,5 GeV) auf bis zu
2 ps reduziert werden [4, 23].

Zweck des Kurzbunchbetriebs ist unter anderem die Erzeugung kohärenter
Synchrotronstrahlung im Bereich der THz-Strahlung. Die durch die Kohä-
renz um die Anzahl der Elektronen im Bunch, also einen Faktor zwischen 10^8
und 10^{10} verstärkte Strahlung wird an den Infrarot Beamlines ausgekoppelt

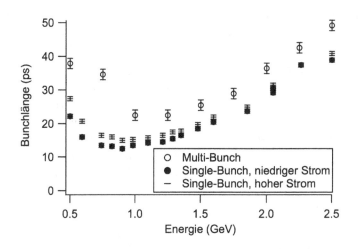

Abbildung 3.3: Messung der Bunchlänge für verschiedene Energien des Elektronenstrahls an ANKA mittels einer Streak Camera [3]. Die Messung zeigt, dass die Bunchlänge, je nach Betriebsart, für Energien zwischen 0,8 GeV und 1,3 GeV minimal wird.

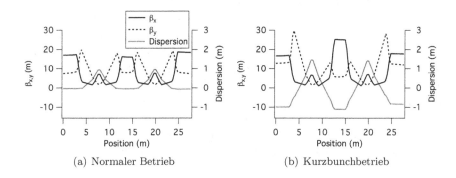

Abbildung 3.4: Darstellung von Optikfunktionen für den normalen (a), sowie für den Kurzbunchbetrieb bei einer Energie von 1,3 GeV (b). Die Magnetoptik wird für Letzteren dahin gehend verändert, dass Bereiche negativer Dispersion auftreten. Somit wird der Momentum-Compaction-Faktor und mit ihm die Bunchlänge deutlich reduziert. [15]

und verwendet. Ein weiterer Vorteil liegt in der Länge der Synchrotronstrahlungspulse. Da die Pulslänge gerade der Bunchlänge entspricht, kann auch
diese durch den Kurzbunchbetrieb erheblich reduziert werden.

Gleichzeitig jedoch führt die starke longitudinale Kompression der Bunche
bei Strömen oberhalb eines Schwellenwertes zu Microbunching-Instabilitäten.
Diese machen sich im Entstehen von vorübergehenden Substrukturen innerhalb der Bunche, den Microbunchen, bemerkbar, sowie im Spektrum der
emittierten Synchrotronstrahlung. Mit Hilfe eines Elektro-Optischen Aufbaus, der die Methode der spektralen Abtastung verwendet, können diese
Substrukturen im longitudinalen Bunchprofil aufgelöst werden [4].

3.4 Beamlines

In diesem Abschnitt sollen die Beamlines, in denen die Experimente zu dieser
Arbeit durchgeführt werden, kurz vorgestellt werden.

3.4.1 Visible Light Diagnostics Beamline

Die *Visible Light Diagnostics Beamline* (VLDB) befindet sich am 5°-Port
eines Dipolmagneten und dient ausschließlich Experimenten der Strahldiagnose. Derzeit wird hier mit der Methode des Time Correlated Single Photon Counting das Füllmuster im Speicherring gemessen. Eine Streak Camera
wird zur Vermessung des longitudinalen Bunchprofils sowie der im Rahmen
dieser Arbeit installierte Aufbau der Fast Gated Intensified Camera zur Messung des horizontalen Bunchprofils verwendet. Es wird für die genannten
Experimente sichtbares Licht mit einem sehr geringen Anteil an ultravio-
lettem Licht verwendet, welches mittels eines gekühlten Planarspiegels aus
dem Synchrotronstrahlungsspektrum herausgefiltert wird. Die optische Schi-
kane bis hin zum zugänglichen Teil der Beamline beinhaltet zwei Off-Axis
Parabolspiegel, die jeweils eine Abbildung der am Quellpunkt emittierten
Synchrotronstrahlung bewirken. Der Teil des optischen Aufbaus vom Quellpunkt bis hin zur zweiten Abbildung ist in der Zeichnung in Abbildung 3.5
(a) zu sehen.

Einige Zentimeter vor der zweiten Abbildung wird das sichtbare Licht mit
Hilfe von zwei dichroischen Spiegeln, wie in Abbildung 3.5 (b) angedeutet,
auf die verschiedenen Experimente aufgeteilt. Tabelle 3.2 gibt eine Kurz-
übersicht über die aufgebauten Experimente, sowie die Aufteilung der Wellenlängen. In dieser Konfiguration werden alle drei Experimente im Bereich

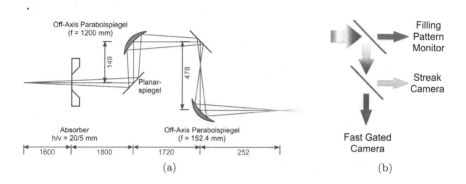

Abbildung 3.5: Abbildung (a) zeigt eine Zeichnung des optischen Wegs der Synchrotronstrahlung vom Quellpunkt bis hin zu seiner zweiten Abbildung innerhalb der Visible Light Diagnostics Beamline. Im ersten Planarspiegel wird das sichtbare Licht aus dem gesamten Spektrum der Synchrotronstrahlung herausgefiltert. Abbildung (b) zeigt die weitere spektrale Aufspaltung des Lichts auf die verschiedenen Experimente mit Hilfe von dichroischen Spiegeln.

Tabelle 3.2: Auflistung der an der VLDB durchgeführten Experimente. Durch die spektrale Aufspaltung des sichtbaren Lichts kann für jedes Experiment der Bereich der maximalen Sensitivität genutzt werden.

Experiment	Wellenlängenbereich (nm)	Gemessene Parameter
Time Correlated Single Photon Counting	390 - 400	Füllmuster, Bunchstrom
Fast Gated Intensified Camera	400 - 500	Horizontales Bunchprofil
Streak Camera	500 - 600	Longitudinales Bunchprofil

ihrer höchsten spektralen Sensitivität betrieben, des Weiteren beinhaltet der optische Weg für das Licht zur Streak Camera [24] zur Vermeidung von dispersiven Effekten ausschließlich reflektierende Elemente.

Die Nutzung von inkohärenter Synchrotronstrahlung im sichtbaren Bereich erlaubt eine einfache Handhabung und ist bei allen Strahlenergien möglich, des Weiteren repräsentiert die Intensität einer Quellpunktabbildung der inkohärenten Synchrotronstrahlung direkt die Ladungsverteilung in den Bunchen. Daher eignet sich diese hervorragend zur Strahldiagnose.

Die Beta-Funktionen und die Dispersion, sowie die daraus anhand von Gleichung 2.19 berechneten Strahlgrößen am Quellpunkt der Synchrotronstrahlung der VLDB für den Betrieb von ANKA bei $2,5\,\text{GeV}$ sind in Tabelle 3.3 notiert. Hierbei wurde für die Breite der Impulsverteilung $\sigma_p/p = 0,001$ angenommen.

Tabelle 3.3: Berechnung der Strahlgrößen am Quellpunkt der Synchrotronstrahlung der VLDB für den Betrieb von ANKA bei $2,5\,\text{GeV}$ anhand Gleichung 2.19. Die Emittanzen, Beta-Funktionen und Dispersion stammen aus [25].

	ϵ (nm rad)	β (m)	D (m)	σ_u (μm)
x	50	1,25	0,22	333
y	0,3	13,82	-	64

Eine Einschränkung in der Nutzung der Beamline zur Strahldiagnose ergibt sich durch den in Abbildung 3.5 eingezeichneten rechteckigen Absorber beim Eintritt der Strahlung in die Beamline. Die Ausmaße der vom Quellpunkt 1,6 m entfernten Apertur betragen 5 mm vertikal und 20 mm horizontal. Für die vertikale Ebene ergibt sich hiermit ein Auflösungslimit von [26, S. 359]

$$d = \frac{\lambda}{2\text{NA}} = \frac{450\,\text{nm}}{5\,\text{mm}/1,6\,\text{m}} = 144\,\text{μm}. \tag{3.1}$$

Dieses liegt deutlich über der erwarteten vertikalen Strahlgröße von $64\,\text{μm}$, weshalb das vertikale Strahlprofil an dieser Beamline nicht über Abbildungssysteme bestimmt werden kann.

Der experimentelle Aufbau der Fast Gated Intensified Camera zur Bestimmung des horizontalen Strahlprofils und dessen zeitlicher Entwicklung, der maßgeblicher Teil dieser Arbeit ist, wird in Kapitel 5 näher beschrieben.

3.4.2 Infrarot Beamlines

An ANKA existieren derzeit zwei dedizierte Infrarot Beamlines, IR1 und IR2. Die Experimente, die an diesen Beamlines durchgeführt werden, dienen sehr unterschiedlichen Zwecken. Viele Experimente sind auf die Nutzung der kohärenten und inkohärenten Infrarot- und THz-Strahlung spezialisiert und sind im Bereich der Mikroskopie und Spektroskopie anzusiedeln. Die Experimente hingegen, die in dieser Arbeit vorgestellt werden, dienen der Strahldiagnose.

An den Beamlines IR1 und IR2 wird jeweils die Kantenstrahlung am 0° Port eines Dipolmagneten genutzt, also die Strahlung, welche beim Eintritt in das inhomogene magnetische Feld am Rand der Magnete erzeugt wird. Grund hierfür ist der von der Frequenz der Strahlung f abhängige Öffnungswinkel des Synchrotronstrahlungskegels, der über die Gleichung [27]

$$\theta(rad) = 1,66188 \left(\frac{c}{fR} \right)^{\frac{1}{3}} \qquad (3.2)$$

mit dem lokalen Ablenkradius R berechnet werden kann. Bei einer Winkelakzeptanz der Beamlines von $0,8°$ ergibt dies eine deutliche Abschwächung von Frequenzen unter 75 THz. Im Vergleich zur Strahlung im homogenen Bereich des Magneten ist der Öffnungswinkel für Kantenstrahlung deutlich geringer und führt zu geringeren Verlusten im Bereich niederer Frequenzen, also für Infrarot- und THz-Strahlung. Somit wird Strahlung bis zu 3 THz vollständig transmittiert, bis in den niederen GHz-Bereich können ausreichende Intensitäten gemessen werden.

4 Untersuchung von transversalen und longitudinalen Effekten von Microbunching-Instabilitäten an ANKA

Zur Untersuchung transversaler und longitudinaler Effekte im Rahmen von Microbunching-Instabilitäten an ANKA wurden im Kurzbunchbetrieb die zeitlichen Schwankungen der horizontalen und longitudinalen Bunchpositionen gemessen. Anschließend wurden diese mit den in Kapitel 2.6 erläuterten Synchrotronstrahlungsausbrüchen im Bereich der THz-Strahlung verglichen. Diese Messung dient dem besseren Verständnis der Instabilitäten hinsichtlich der zu Grunde liegenden Strahldynamik. Nachfolgend werden die beiden verwendeten Messmethoden erläutert sowie die Ergebnisse vorgestellt.

4.1 Messmethoden

Für den Vergleich der Schwankungen der Bunchposition mit den Strahlungsausbrüchen wurden an ANKA im Kurzbunchbetrieb zeitgleich mehrere Messungen durchgeführt. Ein THz-Strahlungsdetektor wurde verwendet, um die Periodizität der Ausbrüche in Abhängigkeit vom Bunchstrom zu messen. Zur Messung der transversalen und longitudinalen Strahlposition wurde die Diagnostikfunktion des BBB Feedbacksystems, basierend auf einem Strahllagemonitor, genutzt [22].

4.1.1 THz-Signal

Das im Folgenden beschriebene, an ANKA häufig angewandte Messprinzip dient dazu, die Charakteristik der Microbunching-Instabilitäten bzw. des Burstings zu untersuchen. Es stützt sich auf die Tatsache, dass die Strahlungsausbrüche eine deutliche Periodizität besitzen, die für die jeweiligen Maschinenparameter und den Bunchstrom charakteristisch und dementsprechend reproduzierbar ist.

Gemessen werden die zeitlichen Schwankungen des Signals im Kurzbunchbetrieb, indem ein Strahlungsdetektor verwendet wird, der im Bereich der

THz-Strahlung sensitiv ist. Der für die Messungen in dieser Arbeit verwendete Detektor ist eine Schottky-Diode vom Hersteller ACST [28]. Sie besteht aus einer fokussierenden Silizium-Linse, einer Breitband-Antenne, der eigentlichen Schottky-Diode und einem Vorverstärker [29]. Der Detektor ist im Bereich von 50 GHz bis 1,2 THz sensitiv und weist, limitiert durch den eingebauten Verstärker, eine Antwortzeit von $\sim$ 160 ps auf. Somit können aufeinanderfolgende Strahlungspulse, die an ANKA einen minimalen Abstand von 2 ns haben, klar voneinander getrennt aufgenommen werden.

In dem für diese Arbeit verwendeten Aufbau wurde der beschriebene Detektor am Diagnostik-Port der Beamline IR2 platziert und die Synchrotronstrahlung auf den Detektor fokussiert. Mit einem Oszilloskop wurde während des Single-Bunch-Betriebs über einen Zeitraum von $\sim$ 1 s die Höhe der höchsten Impulsantwort innerhalb von jeweils sechs Umläufen gemessen. Abbildung 4.1 (a) zeigt den zeitlichen Verlauf des THz-Signals, der die charakteristischen Strahlungsausbrüche aufweist. Die Fouriertransformation des Signals, ausschnittweise in (b) dargestellt, bestätigt die gut sichtbare Periodizität des Burstings mit $\sim$ 200 Hz. Die Synchrotronfrequenz betrug für die gezeigte Messung 9,6 kHz, diese ist ebenfalls in der Fouriertransformation zu sehen. Das breite Maximum bei einer Frequenz von 9 kHz entspricht der inkohärenten Synchrotronschwingung, auf die bei der Vorstellung der Ergebnisse zu dieser Messung (Abschnitt 4.2) genauer eingegangen werden wird.

Um die Abhängigkeit der Periodizität der Strahlungsausbrüche vom Bunchstrom zu verdeutlichen, wurde diese Messung bei konstanten Maschineneinstellungen im Abstand von ca. 10 s während des stetigen Abfalls des Stromes wiederholt. Anschließend wurden die Fouriertransformationen für die verschiedenen Ströme untereinander als Grafik dargestellt. Es ergibt sich ein Spektrogramm wie in Abbildung 4.2. Es entspricht also jede Zeile des Spektrogramms einer Fouriertransformation des THz-Signals, wie sie in Abbildung 4.1 (b) zu sehen ist.

Ein solches Spektrogramm ist charakteristisch für feste Maschineneinstellungen und somit abhängig unter anderem von der an den Cavities angelegten Hochspannung und den Optikfunktionen. Darüber hinaus spielt die geometrische Impedanz, abhängig von Veränderungen im und um das Strahlrohr, sowie die Wahl des Detektors eine Rolle. Die Spektrogramme zeigen weiterhin auf, dass es in Abhängigkeit vom Bunchstrom deutliche Änderungen in der Charakteristik der Instabilitäten gibt. Im Rahmen mehrerer Abschluss-

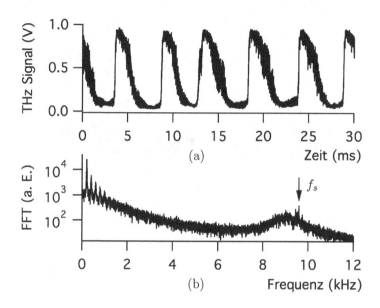

Abbildung 4.1: Mit einer Schottky-Diode wurde jeweils das maximale THz-Signal eines Bunches innerhalb von sechs Umläufen über einen Zeitraum von $\sim 1\,\mathrm{s}$ gemessen, ein Ausschnitt ist in (a) zu sehen. Die periodischen Strahlungsausbrüche entstehen durch Microbunching-Instabilitäten. Ein Ausschnitt aus der Fouriertransformation des Signals (b) zeigt die charakteristischen Frequenzen der Ausbrüche. Die Synchrotronfrequenz von 9,6 kHz, das breitere Band der inkohärenten Synchrotronfrequenz im Bereich von 9 kHz, sowie die vorherrschende Burstingfrequenz von $\sim 200\,\mathrm{Hz}$ und deren Harmonischen sind in der Fouriertransformation deutlich zu sehen.

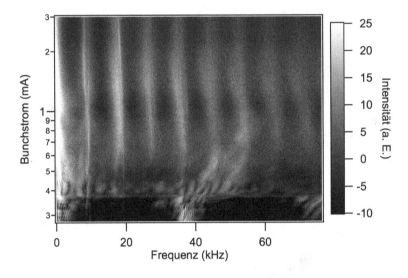

Abbildung 4.2: Spektrogramme liefern eine gute Übersicht über die vom Bunchstrom abhängige Periodizität des Burstings. Jede Zeile der Grafik entspricht der Fouriertransformation des zeitlichen Verlaufs des mit der Schottky-Diode gemessenen THz-Signals (vgl. Abb. 4.1). Ein Spektrogramm ist für die jeweiligen Maschineneinstellungen reproduzierbar.

arbeiten wurden diese daher genauer untersucht [17, 5, 6]. In dieser Arbeit dient diese Methode der Charakterisierung von Instabilitäten als Referenzmessung zu den durchgeführten Messungen im Bereich der Strahldiagnostik.

4.1.2 Bunch-By-Bunch Feedbacksystem

Zur Messung der horizontalen und longitudinalen Strahlposition wurde das an ANKA installierte BBB Feedbacksystem verwendet [22]. Die Diagnostikfunktion für diese Messung beruht auf dem Prinzip von Strahllagemonitoren (engl.: *Beam Position Monitor*, BPM). Hierbei werden vier Elektroden im Strahlrohr wie in Abbildung 4.3 zu sehen angeordnet. Bewegt sich ein Bunch an den Elektroden vorbei, erzeugt das elektrische Feld der Elektronen einen Stromfluss, der vom Abstand zwischen Elektrode und Bunch abhängt. Die horizontale Position kann dann aus den Differenzsignalen und

der durch Kalibration zu ermittelnden Monitorkonstante a berechnet werden
[7, S. 316 ff.]:

$$\Delta x = a \cdot \frac{(A + C) - (B + D)}{A + B + C + D} \tag{4.1}$$

Eine nähere Beschreibung der Funktionsweise ist in [7, S. 316 ff.] zu finden.
Die longitudinale Position, also die Ankunftszeit des Bunches relativ zum
Referenzteilchen, wird bestimmt, indem die Phasenverschiebung der Elek-
trodensignale zur Hochfrequenz oder einer Harmonischen davon gemessen
wird.

Das auf einem FPGA basierende Diagnostiksystem ist in der Lage, die
Strahllage für einen bestimmten Bunch für über 90 000 Umläufe aufzunehmen. Darüber hinaus bietet es die Möglichkeit, ein Downsampling durchzuführen, sodass lediglich die Werte von jedem bis zu 32ten Umlauf abgespeichert werden. Dies ermöglicht eine Datennahme über ca. 1 s und somit
eine hohe Auflösung im Bereich niedriger Frequenzen. Gleichzeitig reicht
die Abtastrate bei vollem Downsampling aus, um Frequenzen bis zu 42 kHz
aufzunehmen.

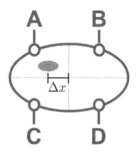

Abbildung 4.3: Schematische Darstellung der Elektrodenanordnung eines
Strahllagemonitors im Querschnitt des Strahlrohrs. Das elektrische Feld des Bunches erzeugt an jeder Elektrode ein vom
Abstand zwischen Bunchschwerpunkt und Elektrode abhängiges Signal. Über die Differenz der Signale kann die transversale Position des Bunches bestimmt werden.

Um die Schwankungen der horizontalen und longitudinalen Strahlposition mit den charakteristischen Frequenzen der Strahlungsausbrüche zu vergleichen, wurde der zeitliche Positionsverlauf zeitgleich mit dem Verlauf des THz-Signals alle $\sim 15\,$s aufgezeichnet und analog zu denen des THz-Signals ausgewertet: Der zeitliche Verlauf der Position wurde fouriertransformiert und anschließend anhand des jeweils gemessenen Bunchstroms in ein Spektrogramm ähnlich zu Abbildung 4.2 übertragen.

4.2 Ergebnisse

Zur besseren Übersicht werden die Spektrogramme hier in zwei Frequenzbereiche unterteilt. In Abbildung 4.1 ist zu sehen, dass die Strahlungsausbrüche mit einer Frequenz von weniger als 1 kHz regelmäßig auftreten. Das Spektrogramm in Abbildung 4.2 weist zusätzlich zu diesem Bereich ausgeprägte Frequenzbänder im Bereich der Synchrotronfrequenz und deren Harmonischen auf. Diese beiden Signaturen werden im Folgenden getrennt betrachtet.

In Abbildung 4.4 sind die Spektrogramme des THz-Signals (a), der horizontalen (b) und der longitudinalen Bunchposition (c) für den Bereich niedriger Burstingfrequenzen zu sehen. Es ist deutlich zu erkennen, dass Gemeinsamkeiten zwischen den unterschiedlichen Messungen bestehen. Das Band, welches sich im THz-Signal mit variierender Frequenz über den Bereich von 2 mA bis hin zu 0,35 mA verfolgen lässt, ist in den Bunchpositionen teilweise sehr deutlich zu sehen, streckenweise lässt es sich lediglich erahnen. Die ersten beiden Harmonischen dieses Bandes zeigen sich ebenfalls in allen drei Abbildungen, wenn auch nur schwach.

Diese Ähnlichkeiten weisen auf Zusammenhänge zwischen den Instabilitäten, die sich unter anderem durch die Strahlungsausbrüche bemerkbar machen, und der longitudinalen sowie horizontalen Position des Bunches hin. Die Verknüpfung der Strahlungsausbrüche mit der longitudinalen Bunchposition wurde ebenfalls im Rahmen einer Abschlussarbeit an ANKA anhand der Messung der Ankunftszeit des Synchrotronstrahlungspulses beobachtet [5, S. i - iii]. Eine Erklärung für diesen Effekt ist der vorübergehende höhere Energieverlust der Elektronen durch die verstärkte Emission von kohärenter Synchrotronstrahlung, der zu einer Abweichung des Impulses vom Sollimpuls [30] sowie einer Verbreiterung der Impulsverteilung um einen Faktor von bis zu 1,5 führt [31, S. 77 - 79]. Der höhere Energieverlust resultiert in einer Verschiebung der synchronen Phase und somit der longitudinalen

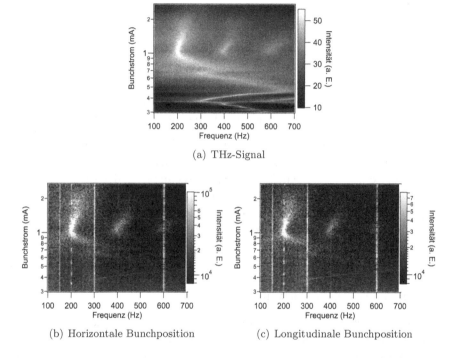

(a) THz-Signal

(b) Horizontale Bunchposition   (c) Longitudinale Bunchposition

Abbildung 4.4: Die Spektrogramme des THz-Signals (a), der horizontalen (b) und der longitudinalen Bunchposition (c) weisen im Bereich der niedrigen charakteristischen Burstingfrequenzen ähnliche Strukturen auf. Das in (a) deutlich sichtbare, sich verändernde Frequenzband lässt sich in (b) und (c) strecken-weise deutlich nachvollziehen, im Bereich niederer Bunch-ströme ist dieses nur schwach sichtbar.

Bunchposition. Wegen der dispersiven Funktion der Dipolmagnete entsteht aus der Impulsabweichung der Teilchen außerdem eine Abweichung in der horizontalen Bunchposition.

Die schmalen Linien in Abbildung 4.4 (b) und (c) bei den Vielfachen von 50 Hz sind Effekte der verwendeten Netzgeräte und daher nicht mit beschleunigerphysikalischen Effekten in Verbindung zu bringen.

Im Bereich höherer Frequenzen unterscheiden sich die Spektrogramme stark, wie Abbildung 4.5 zeigt. Im Bereich zwischen 0 und 5 kHz sind im Spektrogramm des THz-Signals (a) die Harmonischen der oben beschriebenen, niedrigen Burstingfrequenzen zu sehen. Diese sind in (b) und (c) wegen der im Vergleich zu Abbildung 4.4 geänderten Intensitätsskalen nicht zu erkennen.

In den Spektrogrammen der horizontalen und longitudinalen Bunchposition in Abbildung 4.5 (b) und (c) ist klar die Synchrotronfrequenz zu sehen, welche für diese Messungen 9,6 kHz betrug. Dies entspricht der Erwartung, da die Oszillation im longitudinalen Phasenraum zunächst eine Schwingung der longitudinalen Position und des Impulses bedeutet, sich durch die Dispersion jedoch ebenfalls in der horizontalen Strahllage widerspiegelt. Des Weiteren ist die Intensität und somit die Amplitude der Synchrotronfrequenz höher als die der niederen Burstingfrequenzen. Das THz-Signal hingegen zeigt die Synchrotronfrequenz nicht in allen Strombereichen intensiv, dazu treten im Bereich um diese herum Seitenbänder auf.

Ein weiterer interessanter Effekt zeigt sich im Bereich zwischen 18 kHz und 20 kHz. Die Spektrogramme des THz-Signals und der horizontalen Bunchposition weisen hier dasselbe, sich mit dem Bunchstrom ändernde Frequenzband auf. Dieses nähert sich für geringer werdende Ströme an $2f_s = 19,2$ kHz an. In Abbildung 4.6 ist dieser Ausschnitt für die Messung der horizontalen Strahlposition durch das BBB Feedbacksystem genauer dargestellt. Dieses Frequenzband beschreibt den inkohärenten Synchrotron Tune. Während der in Gleichung 2.21 berechnete kohärente Synchrotron Tune die Oszillation des Bunchschwerpunktes beschreibt, versteht man unter der inkohärenten Synchrotronschwingung die Bewegung einzelner Elektronen um den Schwerpunkt der longitudinalen Ladungsverteilung [18]. Der inkohärente Synchrotron Tune zeigt als Auswirkung der geometrischen Impedanz eine Abhängigkeit vom Bunchstrom und lässt sich durch [32]

$$Q_s^{inc} = Q_s^{coh} \left(1 - \lambda I_b\right)^{-1} \tag{4.2}$$

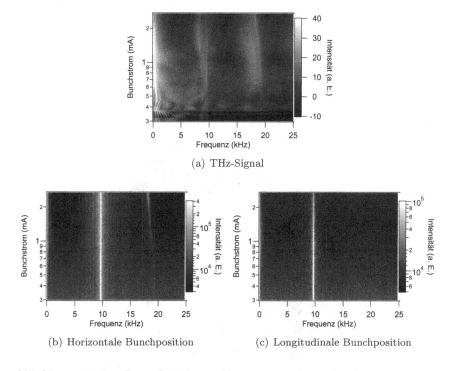

(a) THz-Signal

(b) Horizontale Bunchposition   (c) Longitudinale Bunchposition

Abbildung 4.5: Im Bereich höherer Freqenzen zeigen die Spektrogramme starke Unterschiede. Während in (b) und (c) die Synchrotronfrequenz erwartungsgemäß sehr präsent ist, ist diese im THz-Signal nur streckenweise zu sehen. Der Verlauf der stromabhängigen inkohärenten Synchrotronfrequenz ist im Bereich zwischen 18 kHz und 20 kHz in (a) und (b) zu erkennen, (c) zeigt diese wegen der ungenügenden Sensitivität nicht.

berechnen, wobei Q_s^{coh} den kohärenten Tune beschreibt. Hierbei wird λ *Lengthening-Faktor* genannt, da dieser wegen der Abhängigkeit der Bunchlänge von der Synchrotronfrequenz (vgl. Gl. 2.25) gleichzeitig die Ausdehnung des Bunches für hohe Ströme quantifiziert. In Abbildung 4.6 ist die Harmonische der inkohärenten Synchrotronfrequenz $2f_s^{inc}$ im Signal zu erkennen. Die linke gestrichelte Linie entspricht einem Lengthening-Faktor von $\lambda = (0,024 \pm 0,001)\,\text{mA}^{-1}$, der durch einen Fit von Gleichung 4.2 an den Verlauf der maximalen sichtbaren Frequenz jeder Zeile im in der Abbildung dargestellten Bereich bestimmt wurde.

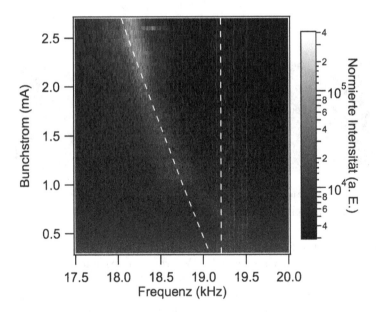

Abbildung 4.6: Das Spektrogramm der horizontalen Bunchposition zeigt den Verlauf der inkohärenten Synchrotronfrequenz. Diese nähert sich für geringe Ströme an $2f_s^{coh} = 19,2\,\text{kHz}$, gekennzeichnet durch die rechte gestrichelte Linie, an. Die linke Linie zeigt die optische Anpassung einer Geraden anhand der Vorhersage der inkohärenten Synchrotronfrequenz nach Gleichung 4.2.

Obwohl die Abweichung des inkohärenten Synchrotron Tunes durch den Lengthening-Faktor eindeutig zu sehen ist, ist die hierdurch entstehende Auswirkung auf die Bunchlänge, die Ausdehnung um einen Faktor von $(1 + \lambda I_b)$, eher gering. Vorausgegangene Messungen an ANKA zeigen jedoch eine stärkere Abhängigkeit der Bunchlänge vom Bunchstrom, die durch die CSR-Impedanz und die daraus folgenden Microbunching-Instabilitäten zu erklären ist [4, S. 118 ff.].

Die Sichtbarkeit der zweifachen inkohärenten Synchrotronfrequenz in den Spektrogrammen lässt sich auf die Bewegung der Teilchen im longitudinalen Phasenraum zurückführen. Durch die endliche Impulsverteilung innerhalb eines Bunches kommt es während der Synchrotronschwingung zu einer periodischen Verformung des Bunches und der Impulsverteilung mit der doppelten Frequenz. Die Änderung der Bunchform nimmt Einfluss auf den Formfaktor und somit auf die Strahlungsleistung im THz-Bereich, was die Erscheinung dieser Linie im Spektrogramm des THz-Signals in Abbildung 4.5 (a) begründet. Die Änderung der Impulsverteilung bringt wegen der Dispersion eine Verformung des horizontalen Bunchprofils mit sich. Da über Strahllagemonitore die Position des Ladungsschwerpunktes gemessen wird, kann auch eine Verformung des Profils hierüber mit geringerer Sensitivität wahrgenommen werden. Obwohl die longitudinale Verformung eines Bunches ebenfalls die Messung der Position beeinflusst, ist die inkohärente Synchrotronfrequenz im Spektrogramm der longitudinalen Bunchposition nicht sichtbar. Diese Tatsache ist vermutlich auf die unterschiedlichen Messverfahren der longitudinalen und der horizontalen Position und damit eine verminderte Sensitivität der longitudinalen Messung auf das Bunchprofil zurückzuführen.

Die Gemeinsamkeiten in den Spektrogrammen der THz-Strahlung und der horizontalen und longitudinalen Bunchposition zeigen, dass für die untersuchten Instabilitäten die Strahldynamik und die periodischen Strahlungsausbrüche klar messbar miteinander verknüpft sind.

Um einen weiteren Einblick in die Strahldynamik zu erhalten, wurde im Rahmen dieser Arbeit, ergänzend zu den Messmethoden der Strahlposition, ein experimenteller Aufbau an ANKA installiert, der die gleichzeitige, zeitaufgelöste Messung der horizontalen Strahlposition und der Strahlgröße ermöglicht. Die Funktionsweise und der Aufbau dieses Systems werden im folgenden Kapitel beschrieben.

5 Aufbau eines Systems zur zeitaufgelösten Messung des horizontalen Strahlprofils

Im vorangegangenen Kapitel wurden Messungen der horizontalen und longitudinalen Strahllage durchgeführt. Um einen besseren Einblick in die Strahldynamik zu erhalten, ist eine gleichzeitige Messung der Strahlgröße von Vorteil.

An ANKA befinden sich daher zu Diagnosezwecken zwei Synchrotronstrahlungsmonitore (SLM, engl.: *Synchrotron Light Monitor*) im Einsatz [33, 34]. Über ein simples Abbildungssystem mit einer Linse wird die Synchrotronstrahlung auf den Sensor einer Kamera abgebildet. Aufgrund der Eigenschaften der inkohärenten Synchrotronstrahlung kann von dieser Abbildung direkt auf die Ladungsverteilung der Bunche geschlossen werden. Ein SLM wird daher verwendet, um die transversalen Strahlgrößen bzw. Strahlprofile zu bestimmen. Ein weiteres an ANKA verwendetes Instrument zur Bestimmung der Strahlgröße ist der Röntgendetektor DIAX (engl.: *In-Air X-Ray Detector*), bei welchem zunächst Röntgenstrahlung an einem Szintillator in sichtbares Licht gewandelt und dieses über ein Abbildungssystem auf einen CCD-Sensor abgebildet wird [35].

Die bisher verwendeten CCD-Kameras besitzen jedoch eine niedrige Wiederholrate von weniger als 50 Hz und lange Belichtungszeiten im Bereich von einigen hunderten Mikrosekunden bis hin zu einer Sekunde. Somit integrieren diese Kameras die Abbildung der Synchrotronstrahlungspulse über viele Umläufe hinweg, im Multi-Bunch-Betrieb für alle Bunche. Die minimale Belichtungszeit von 100 µs entspricht bei einer Umlauffrequenz von 2,7 MHz einer Integration über 270 Umläufe.

Im Rahmen dieser Arbeit wurde ein experimenteller Aufbau zur zeitaufgelösten Messung des horizontalen Bunchprofils auf kurzen Zeitskalen geplant und an der VLDB des ANKA Speicherrings installiert. Hierbei kommt eine *Fast Gated Intensified Camera* zum Einsatz, diese Spezialkamera erlaubt die Aufnahme einzelner Synchrotronstrahlungspulse. Mit Hilfe diesen Aufbaus soll das transversale Verhalten der Bunche unter verschiedenen Bedingungen beobachtet und analysiert werden.

In diesem Kapitel werden die Funktionsweise und der Aufbau des Systems, sowie Charakterisierungsmessungen beschrieben.

5.1 Funktionsweise und Aufbau

Um die zeitliche Evolution des horizontalen Strahlprofils eines Bunches verfolgen zu können, wurde ein Ansatz gewählt, bei dem ein schnell rotierender Spiegel die aufeinanderfolgenden Synchrotronstrahlungspulse über den Sensor einer Kamera bewegt, sodass sie getrennt nebeneinander wahrgenommen werden können.

Als Kamera kommt eine Fast Gated Intensified Camera zum Einsatz. Diese ermöglicht mit Hilfe schneller optischer *Gates* durch das Aktivieren des Bildverstärkers im Bereich von wenigen Nanosekunden die getriggerte Aufnahme von einzelnen Synchrotronstrahlungspulsen, sowie die selektive Belichtung für mehrere Lichtpulse desselben Bunches. Kombiniert mit dem rotierenden Spiegel kann also die Abbildung der Synchrotronstrahlung für einen beliebigen Bunch über viele Umläufe hinweg beobachtet werden. Dieses Prinzip ist in Abbildung 5.1 skizziert.

5.1.1 Optischer Aufbau

Der optische Aufbau für dieses Experiment ist in Abbildung 5.2 dargestellt, einige Komponenten sind Teil der bereits vorgestellten Visible Light Diagnostics Beamline. Der grundlegende, für alle dort durchgeführten Messungen vorhandene Teil besteht aus einer rechteckigen Apertur, zwei planaren Spiegeln und zwei Off-Axis Parabolspiegeln. Diese führen zu einer um einen Faktor 0,33 verkleinerten Abbildung des Strahlprofils am Quellpunkt, sowie einer Rotation des Bildes um 90°. Nach dem zweiten Parabolspiegel wird der Strahl mit Hilfe von zwei dichroischen Spiegeln spektral aufgeteilt, wobei für den Strahlprofilmonitor der Teil des Spektrums zwischen 400 nm und 500 nm verwendet wird. Da es sich hierbei um planare Spiegel handelt, wurde in der Skizze auf deren Markierung verzichtet.

Da das Auflösungslimit durch die Beugung an der rechteckigen Apertur, wie in Kapitel 3.4.1 beschrieben, die direkte Messung der vertikalen Strahlgröße verhindert, wurde dieses Experiment ausschließlich für die Messung

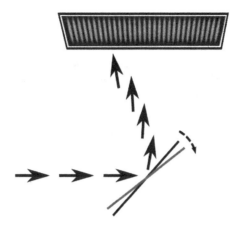

Abbildung 5.1: Um den zeitlichen Verlauf des Strahlprofils zu beobachten, werden Projektionen des horizontalen Strahlprofils mittels eines beweglichen Spiegels nebeneinander auf dem Sensor einer Kamera platziert.

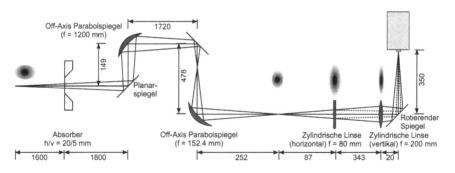

Abbildung 5.2: Skizze des optischen Aufbaus für den Strahlprofilmonitor. Zwei Off-Axis Parabolspiegel bewirken eine Abbildung des Synchrotronlichts im Bereich des optischen Tischs der Visible Light Diagnostics Beamline. Das Seitenverhältnis der abgebildeten Ellipse wid mit Hilfe zweier zylindrischer Linsen unterschiedlicher Brennweite derart angepasst, dass möglichst viele Pulse nebeneinader auf dem Sensor der Kamera platziert werden können.

des horizontalen Strahlprofils ausgelegt. Darüber hinaus ist die horizontale Strahlebene über die Dispersion mit der Strahlenergie gekoppelt, sodass auch mögliche Schwankungen der Strahlenergie sichtbar gemacht werden können. Um möglichst viele Synchrotronstrahlungspulse nebeneinander auf dem Sensor der Kamera platzieren zu können, werden die optischen Ebenen mittels zylindrischer Linsen entkoppelt und die vertikale Strahlebene bestmöglich fokussiert.

Die Vergrößerung der horizontalen Strahlebene wird durch die Position und Brennweite der ersten zylindrischen Linse festgelegt. Eine stärkere Vergrößerung erhöht die Auflösung, beschränkt jedoch den sichtbaren Bereich in der horizontalen Strahlebene.

Um eine starke Fokussierung in der vertikalen und eine passende Vergrößerung in der horizontalen Strahlebene zu erreichen, wurden im Vorfeld Simulationen des optischen Wegs mit der Software Synchrotron Radiation Workshop (SRW) [36] durchgeführt. Anhand mehrerer Bedingungen, wie realistischen Drehgeschwindigkeiten und Aperturen des rotierenden Spiegels und dem damit verbundenen Abstand des Spiegels zum Sensor der Kamera, sowie der erwarteten Strahlgröße, wurde der optische Weg wie in Abbildung 5.2 zu sehen aufgebaut. Für den dargestellten Aufbau betragen die Vergrößerungen der horizontalen und der vertikalen Ebene nach $M = b/g$ [26, S. 271 ff.] mit der Bildweite b und der Gegenstandsweite g inklusive des Strahltransports zur Beamline $M_h = 2,6$ und $M_v = 0,29$. Abbildung 5.3 zeigt die Abbildungen der Synchrotronstrahlung vor und nach dem Durchlauf der zylindrischen Linsen.

5.1.2 Galvanometrischer Spiegel

Um die aufeinanderfolgenden Synchrotronstrahlungspulse eines Bunches getrennt aufnehmen und auswerten zu können, werden diese mit Hilfe eines beweglichen Spiegels nebeneinander auf dem Sensor der Kamera platziert (siehe Abbildung 5.1).

Aufgrund der geringen Umlaufzeit der Bunche von 368 ns wird für diesen Spiegel eine hohe Geschwindigkeit vorausgesetzt. Bei dem in Abbildung 5.2 gezeigten optischen Aufbau müssen zwei Pulse im zeitlichen Abstand von mindestens sechs Umläufen, also 2,2 µs, auf dem 350 mm entfernten Sensor einen Abstand von ca. 400 µm aufweisen, um getrennt voneinander wahrgenommen werden zu können. Dies entspricht einem optischen Winkelversatz

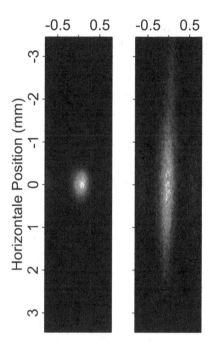

Abbildung 5.3: Abbildung der inkohärenten Synchrotronstrahlung an der Visible Light Diagnostics Beamline. Wegen der Rotation um 90° im Periskop der Beamline entspricht die vertikale Achse auf dem Sensor der horizontalen Ebene des Elektronenstrahls und umgekehrt. Das linke Bild zeigt die Abbildung nach dem zweiten Off-Axis Parabolspiegel. Zwei zylindrische Linsen unterschiedlicher Brennweite werden verwendet, um die Ellipse horizontal zu strecken, das Ergebnis ist rechts zu sehen. Beide Bilder wurden mit der Fast Gated Intensified Camera aufgenommen und entsprechen einzelnen Synchrotronstrahlungspulsen.

von $0,07°$. Es wird also eine optische Winkelgeschwindigkeit von bis zu $30\,000°/s$, bzw. eine Rotationsgeschwindigkeit des Spiegels von $15\,000°/s$ benötigt.

Solche Geschwindigkeiten können leicht von Spiegeln erreicht werden, die mit konstanter Drehgeschwindigkeit volle Rotationen durchführen, eine Drehfrequenz von $\sim 46\,Hz$ ist hier bereits ausreichend. Mit einem solchen System stellt jedoch die zeitliche Synchronisation zur Belichtung der Kamera eine große Herausforderung dar, außerdem können Messungen nicht durch einen externen Trigger ausgelöst werden. Anders ist dies im Falle von galvanometrischen Drehspiegeln. Diese kommerziell erhältlichen Systeme sind einfach in der Ansteuerung und erreichen sehr hohe Winkelgeschwindigkeiten, wobei die Spiegel hier keine vollständige Rotation durchführen, sondern ein zeitlich veränderliches Eingangssignal in die entsprechende Spiegelposition übersetzt wird.

Zur Berechnung der notwendigen Größe des Spiegels wurde die Simulation des optischen Wegs der Synchrotronstrahlung mit der Software SRW verwendet. Es wurde der Galvanometer Scanner vom Modell 6215HB der Firma Cambride Technology [37] mit einem Spiegel der Apertur von 7 mm und dem Steuergerät 671XX gewählt. Nach Herstellerangaben [38] erreicht dieser bei einer optischen Auslenkung von $3°$ nach Anlegen einer entsprechenden Sägezahnspannung eine Wiederholfrequenz von 5 kHz. Dies entspricht einer optischen Winkelgeschwindigkeit von $30\,000°/s$.

Für die Steuerung des Spiegels wird ein analoges Eingangssignal an das mitgelieferte Steuergerät gegeben, welches direkt die Spiegelposition wiedergibt. Um den zeitlichen Verlauf des analogen Eingangssignals flexibel für jede Messung anpassen zu können, kommt ein Arbiträr-Funktionsgenerator zum Einsatz. Hierfür wird das Open-Source-Oszilloskop RedPitaya verwendet [39]. Dieses besitzt eine CPU und einen FPGA-Chip und erlaubt die freie Programmierung unter anderem des Signalgenerators. So kann die Ausgangsfunktion, die die Spiegelbewegung beschreibt, jeweils anhand der Messparameter neu berechnet werden.

5.1.3 Fast Gated Intensified Camera

Für die Aufnahme der Bilder kommt eine Fast Gated Intensified Camera zum Einsatz. Diese Spezialkamera basiert auf dem Prinzip von ICCD-Kameras (engl.: *Intensified Charge-Coupled Device*) und erlaubt darüber hinaus schnelle optische Gates im Bereich von wenigen Nanosekunden mit hohen Wiederholraten. Im Falle eines Synchrotrons oder anderen schnell gepulsten Lichtquellen können so einzelne Lichtpulse selektiv aufgenommen werden. Je nach Betriebsmodus der Kamera können auch während einer Belichtung mehrere optische Gates erfolgen. So werden bestimmte Lichtpulse aufgenommen, während die dazwischenliegenden Pulse ausgeblendet werden.

Der funktionelle Aufbau eines solchen ICCD-Systems ist schematisch in Abbildung 5.4 dargestellt [40]. Photonen treffen hinter einem Eintrittsfenster, welches der Abschirmung von UV-Strahlung und dem Schutz vor mechanischen Einflüssen dient, auf eine Photokathode und erzeugen Photoelektronen. Eine angelegte Spannung führt die Elektronen von der Photokathode in Richtung einer *Micro-Channel Plate* (MCP, dt.: Mikrokanalplatte), einem Sekundärelektronenvervielfacher. Hier wird die Verstärkung vorgenommen, welche von dessen Betriebsspannung abhängt. Aufgrund der Struktur vieler kleiner Röhren bleibt die Ortsauflösung erhalten. Anschließend werden diese Elektronen beim Auftreffen auf einen Phosphorschirm wieder in Photonen konvertiert, welche durch ein optisches Faser-System auf die eigentliche CCD-Sensorfläche der Kamera gelangen. Schnelle optische Gates können in solchen Systemen erreicht werden, indem die Spannung, welche die Photoelektronen von der Photokathode zur MCP führt, nur für sehr kurze Zeit angelegt wird. Für die übrige Zeit wird diese Spannung invertiert, die Elektronen bewegen sich zurück zur Photokathode und gelangen nicht in den Verstärker.

Für den vorgestellten Aufbau wird die Kamera iStar 340T von Andor verwendet [42]. Diese bietet laut Hersteller eine minimale Breite des optischen Gates von weniger als 2 ns. Eine Vermessung der optischen Gatebreite für das gelieferte Modell ergab eine minimale Gatebreite von 1,55 ns (siehe Kapitel 5.2.1). Dies ermöglicht bei einem minimalen Bunchabstand an ANKA von 2 ns die Aufnahme einzelner Synchrotronstrahlungspulse im Multi-Bunch-Betrieb. Die maximale Wiederholrate des optischen Gates beträgt 500 kHz. Bei einer Umlauffrequenz von 2,7 MHz kann also jeder sechste Lichtpuls desselben Bunches aufgenommen werden.

Für die Ansteuerung der Kamera gibt es mehrere Möglichkeiten. Die kommerzielle Software Solis von Andor bietet alle notwendigen Funktionen zur manuellen Steuerung und Auslese von Kameras des Herstellers. Für die in dieser Arbeit vorgestellten Messungen wurde hingegen das *Software Development Kit* (SDK), eine umfangreiche Bibliothek für die Entwicklung eigener

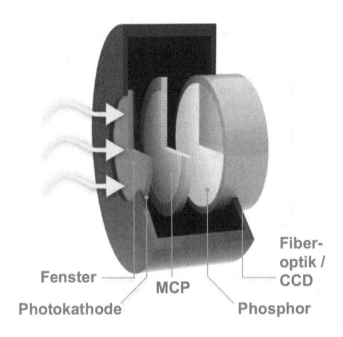

Fiber-
optik /
Fenster ———— MCP ———— CCD

Photokathode   Phosphor

Abbildung 5.4: Aufbau eines ICCD-Sensors [40]. Eintreffende Photonen erzeugen auf der Photokathode Elektronen. Die Micro-Channel
Plate, ein ortsauflösender Sekundärelektronenvervielfacher,
ist das verstärkende Element. Die Elektronen treffen auf
den Phosphorschirm, wo sie Photonen erzeugen. Eine Faser-
Optik leitet diese auf den CCD-Sensor. Die schnellen optischen Gates der Kamera werden durch ein Invertieren der
Spannung zwischen Photokathode und dem darauf folgenden
Teil des Verstärkers erreicht. [41]

Tabelle 5.1: Einige Kenngrößen der verwendeten Kamera iStar 340 T von Andor.

Auflösung	2048 × 512 px
Durchmesser der Photokathode	18 mm
Aktive Sensorfläche	1300 × 512 px
Pixelgröße	13,5 × 13,5 μm
Gatebreite	> 1,55 ns
Max. Wiederholrate des Gates	< 500 kHz

Software, vom Hersteller bezogen und darauf basierend ein auf die vorliegenden Anforderungen angepasstes Programm entwickelt.

5.1.4 Steuerung des Experiments

Die für die Durchführung des Experimentes in der Programmiersprache C++ geschriebene Software wurde im Rahmen dieser Arbeit entwickelt und übernimmt sowohl das Steuern und Auslesen der Kamera über die Bibliotheken des mitgelieferten Andor SDK 2.97, als auch die Kommunikation mit den Funktionsgenerator. In diesem Kapitel wird die Synchronisation und Kommunikation der Komponenten beschrieben.

Beim Starten der Software wird die Verbindung zur Kamera hergestellt und eine allgemeine Konfiguration vorgenommen. Vorbereitend zu den Messungen muss die Verzögerungszeit, im Folgenden Delay genannt, des internen *Digital Delay Generators* im Bezug auf ein zum Umlauf der Bunche synchrones Triggersignal, erzeugt vom ANKA Timing System [43], so bestimmt werden, dass ein zeitlicher Überlapp zwischen den optischen Gates der Kamera und den eingehenden Lichtpulsen besteht. Die Vorgehensweise ist in Kapitel 5.2.1 näher erläutert.

Das Kommunikationsschema der einzelnen Komponenten während einer Messung ist in Abbildung 5.5 dargestellt. Wird eine Messung gestartet, wird die Kamera in Bereitschaft versetzt, sodass diese auf das erste eingehende Triggersignal hin die Belichtung des Sensors startet. Anschließend wird auf dem

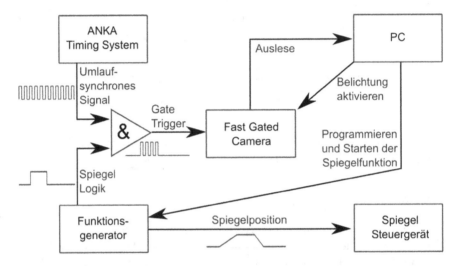

Abbildung 5.5: Schematische Darstellung der Kommunikation zwischen den Komponenten des Aufbaus. Eine Software aktiviert die Bereitschaft zur Belichtung der Kamera, welche auf das erste eingehende Triggersignal hin gestartet wird, und programmiert den Funktionsgenerator. Dieser berechnet und startet die Bewegung des Spiegels. Die Kamera erhält nur dann zum Triggern optischer Gates ein zum Umlauf der Bunche synchrones Signal, wenn sich der Spiegel in der Vorwärtsbewegung befindet.

Funktionsgenerator ein Programm aufgerufen, welches anhand der eingestellten Messparameter den Spannungsverlauf für die gewünschte Bewegung des Spiegels berechnet und das Signal an einem der beiden Ausgänge anlegt. Dieses Signal wird an das Steuergerät des Spiegels übertragen. Der zweite Ausgang des Funktionsgenerators wird verwendet, um ein Logiksignal auszugeben. Dieses zeigt an, wann sich der Spiegel in der Vorwärtsbewegung befindet und steuert über eine in Hardware realisierte Und-Verknüpfung den Durchlass von Triggersignalen an die Kamera zum Öffnen optischer Gates. Dies verhindert, dass bei der Rückbewegung des Spiegels auf die Ausgangsposition erneut Synchrotronstrahlungspulse auf dem CCD-Sensor abgebildet werden. Nach Ende der Belichtungszeit wird das Bild, das der Intensitätsverteilung auf dem Sensor entspricht, automatisch ausgelesen und zusammen mit den entsprechenden Einstellungen und aus dem ANKA Kontrollsystem abgerufenen Maschinenparametern im Dateiformat HDF5 abgespeichert [44].

Optional kann die Bewegung des Spiegels und somit die Datennahme durch ein externes Triggersignal gestartet werden. Außerdem erlaubt die Ansteuerung des Spiegeltreibers über den frei programmierbaren Funktionsgenerator auch das Ansteuern beliebiger, fester Spiegelpositionen, indem über ein Kommandozeilenprogramm eine konstante Spannung eingestellt wird. Gleichzeitig kann das Logiksignal und damit der Durchlass des Triggersignals aus der Kommandozeile heraus manuell gesteuert werden.

In Abbildung 5.6 sind verschiedene zeitliche Signale für eine Messung dargestellt. Der Ausgang des Funktionsgenerators zeigt den zeitlichen Sollverlauf des Spiegels. Die tatsächliche Position des Spiegels ist im Vergleich zur Sollposition verzögert, darüber hinaus ist sie geglättet. Um durch die Verzögerung keine negativen Effekte zu erhalten, wurde die Logikfunktion des Funktionsgenerators ebenfalls mit einem Delay versehen, sodass die optischen Gates während der ansteigenden Flanke der Spiegelposition erfolgen. Die Glättung des tatsächlichen Positionsverlaufs des Spiegels bedeutet eine leichte Verzerrung an den Rändern der Aufnahme wegen des nichtlinearen Verlaufs zu Beginn und am Ende des Fahrwegs, solche Nichtlinearitäten treten jedoch nur für Messungen bei kurzen Zeitskalen von weniger als $400\,\mu s$ auf und können anhand des Analyseverfahrens eliminiert werden.

Ein Beispiel für eine solche Aufnahme ist in Abbildung 5.7 dargestellt. Zu sehen sind die einzelnen, nebeneinander platzierten Synchrotronstrahlungspulse, zwischen welchen für dieses Beispiel je 24 Umläufe, also $8{,}84\,\mu s$ liegen.

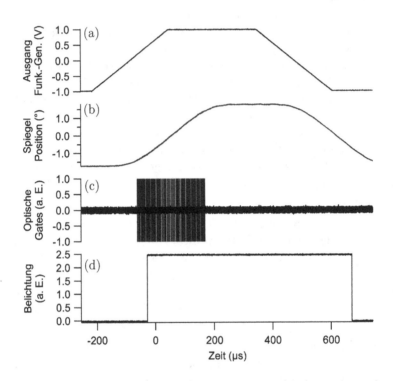

Abbildung 5.6: Messung der zeitlichen Signalverläufe für den vorgestellten
Aufbau. Der Ausgang des Funktionsgenerators (a), stellt den
Sollverlauf der Spiegelposition dar. Der tatsächliche Verlauf
(b) ist leicht verzögert und geglättet. Die Verzögerung kann
ausgeglichen werden, indem die optischen Gates um dieselbe
Dauer verzögert werden. Die optischen Gates erfolgen wie
gewünscht während der Vorwärtsbewegung des Spiegels (c).
Während der Rückbewegung bleiben diese aus, auch wenn
die Belichtung des Sensors (d) noch andauert.

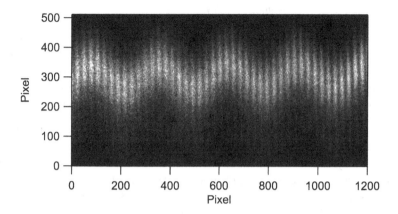

Abbildung 5.7: Beispiel einer Aufnahme mit dem vorgestellten Aufbau. Die horizontale Achse entspricht einem zeitlichen Verlauf, die vertikale Achse der horizontalen Strahlebene. Die einzelnen, um 24 Umläufe ($\hat{=}$ 8,8 μs) getrennten Synchrotronstrahlungspule stellen also jeweils das horizontale Strahlprofil zu gegebenem Zeitpunkt dar. Insgesamt ist ein Bereich von 400 μs zu sehen, die Frequenz der Oszillation entspricht der der Synchrotronschwingung, welche für die vorliegenden Maschinenparameter 11, 1 kHz betrug.

Die horizontale Achse spiegelt somit eine Zeitachse wider, deren Kalibration in Kapitel 5.2.2 beschrieben ist. Die vertikale Sensorebene gibt, wie beschrieben, das horizontale Strahlprofil wider. Die in diesem Bild sichtbare Schwingung entspricht der Synchrotronoszillation, deren Frequenz für diese Maschinenparameter 11,1 kHz betrug.

5.2 Charakterisierung des Systems

Im Rahmen der Inbetriebnahme dieses experimentellen Aufbaus wurde eine Messung der optischen Gatebreite der verwendten Kamera durchgeführt, sowie eine Kalibration der Zeitachse. Letztere ist notwendig, um die zeitliche Entwicklung der Strahlprofile möglichst genau bestimmen zu können.

5.2.1 Messung der optischen Gatebreite

Die tatsächliche Breite der optischen Gates ist essentiell für das Gelingen der Messungen, da eine zu hohe Gatebreite die gleichzeitige Aufnahme mehrerer aufeinanderfolgender Bunche bedeutet. Um dies auszuschließen, wurde diese an ANKA vermessen. Die Synchrotronstrahlungsquelle bietet hierfür aufgrund der sehr kurzen Lichtpulse optimale Voraussetzungen.

Die Messung der optischen Gatebreite wurde mit einem sogenannten *Delay Scan* (dt.: Verzögerungsscan) durchgeführt. Bei einer solchen Messung wird das Delay des internen Digital Delay Generators der Kamera, welches eine Verzögerung zwischen den eingehenden Triggersignalen und den tatsächlichen optischen Gates bedeutet, zwischen mehreren Bildern mit vorgegebener Schrittgröße verändert. Diese Bilder werden ausgelesen und die Gesamtintensität für jede Aufnahme bestimmt. Anschließend wird die Intensität in Abhängigkeit des eingestellten Delays dargestellt.

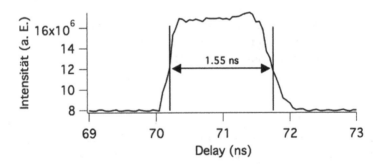

Abbildung 5.8: Zur Messung der Breite des optischen Gates wurde zwischen der Aufnahme von mehreren Bildern systematisch die Verzögerungszeit zwischen dem umlaufsynchronen Triggersignal und der tatsächlichen Gateöffnung vergrößert und die Gesamtintensität bestimmt. Die resultierende Kurve entspricht der zeitlichen Struktur der optischen Gates. Die Breite des Gates wurde als Zeitspanne zwischen den Punkten bestimmt, an welchen die Intensität auf einen Faktor $1/e$ im Vergleich zum Maximum abfällt, und beträgt $1{,}55 \pm 0{,}05$ ns.

Um die Breite des optischen Gates zu bestimmen, wurde während des Single-Bunch-Betriebs ein Delay Scan mit einer Schrittgröße von 50 ps durchgeführt, das Ergebnis ist in Abbildung 5.8 zu sehen. Nimmt man den Lichtpuls als sehr kurz an, entspricht die Kurve der tatsächlichen zeitlichen Struktur der optischen Gates. Dies wird hier als gegeben angesehen, da die RMS-Bunchlänge und somit zugleich die Pulsdauer im Kurzbunchbetrieb weniger als 10 ps beträgt. Die Breite des Gates, definiert als die Zeitspanne zwischen den Punkten, bei welchen die Intensität auf einen Faktor $1/e$ des Maximums abfällt, beträgt $1,55 \pm 0,05$ ns. Die Unsicherheit basiert auf der Herstellerangabe des zeitlichen Jitters des Gates von 35 ps [45]. Nicht in Betracht gezogen wurden eventuelle longitudinale Synchrotronoszillationen des Bunches, da deren Amplitude ebenfalls vernachlässigbar klein ist. Bei einem minimalen Bunchabstand von 2 ns ist die Gatebreite von $1,55$ ns ausreichend, da bei einer Einstellung des Delays im Bereich des Plateaus (vgl. Abbildung 5.8) der vorausgehende und der nachfolgende Bunch vollständig ausgeblendet werden.

Die Methode des Delay Scans wird außerdem verwendet, um vorbereitend auf die Messungen das optimale Delay zur Beobachtung eines ausgewählten Bunches zu bestimmen.

5.2.2 Zeitliche Zuordnung der Synchrotronstrahlungspulse

Wie bereits beschrieben, entspricht die horizontale Achse der einzelnen Aufnahmen (vgl. Abb. 5.7) einer Zeitachse. Um die einzelnen Strahlprofile in einer Aufnahme einem Zeitpunkt zuzuordnen, können zwei verschiedene Methoden genutzt werden.

Sind die aufeinanderfolgenden, abgebildeten Lichtpulse örtlich deutlich voneinander separiert, kann der bekannte zeitliche Abstand der optischen Gates Δt verwendet werden, um die Profile von links nach rechts dem Zeitpunkt $n \cdot \Delta t$ zuzuordnen. Diese Methode ist sehr genau, jedoch sind auch Aufnahmen denkbar, bei denen die Geschwindigkeit des Spiegels so gewählt wird, dass die Strahlungspulse nicht mehr eindeutig separiert sind. Auf solche Aufnahmen ist diese Methode nicht anwendbar.

Eine weitere Methode ist die Umrechnung der horizontalen Bildebene in eine Zeitskala über die für jede Messung neu eingestellte Steigung des Spannungsverlaufs des Funktionsgenerators und damit die Rotationsgeschwindigkeit des Spiegels. Diese Methode ist auf alle Aufnahmen anwendbar, besitzt jedoch im Vergleich zu der ersten Methode eine geringere Genauigkeit und Zuverlässigkeit. Die Genauigkeit der Zeitskala ist so durch die Pixelgröße limitiert, darüber hinaus spiegelt die horizontale Bildebene gleichzeitig die vertikale Strahlachse wieder, wenn auch mit einer sehr geringen Sensitivität. Somit ziehen Fluktuationen bzw. Oszillationen auf der vertikalen Position der Bunche eine leicht verzerrte zeitliche Zuordnung mit sich. Weiterhin muss diese Kalibration nach Änderungen im Messaufbau wiederholt werden.

Daher sind abhängig von der Art der Aufnahme unterschiedliche Analysemethoden von Vorteil.

5.2.2.1 Kalibration der Zeitachse

Zur Kalibration der Zeitachse wurden einige Bilder ähnlich zu Abbildung 5.7 mit unterschiedlichen Steigungen in der Dreiecksspannung des Funktionsgenerators (vgl. Abb. 5.6) und somit unterschiedlichen Rotationsgeschwindigkeiten des galvanometrischen Spiegels aufgenommen, anschließend wurde die örtliche Separation der Peaks in Pixeln ausgewertet. Für alle Bilder betrug der zeitliche Abstand der einzelnen aufgenommenen Pulse 60 Umläufe ($\hat{=}22,1\,\mu$s), sodass sich die Geschwidingkeit des Lichtpulses auf dem Sensor in Pixeln pro Sekunde in Abhängigkeit von der Steigung des Stromverlaufs, wie in Abbildung 5.9 zu sehen, ergibt. Im linearen Bereich bis zu einer Steigung von 8000 V/s beträgt die Steigung der Kurve $(0,79 \pm 0,03) \cdot 10^3$ px/V. Mit diesem Wert kann für jede Messung aus der Steigung des Spannungsverlaufs ein Faktor zur Umrechnung der horizontalen Bildachse von Position in Zeit bestimmt werden.

Der nichtlineare Bereich über 8000 V/s rührt von der maximalen Rotationsgeschwindigkeit des Spiegels her. Wird dieser Bereich für Messungen verwendet, ist wegen der hohen Geschwindigkeit eine klare Separation der Pulse ohnehin gegeben, sodass bei der Datenanalyse die Zuordnung der Pulse auf die Zeitachse über den bekannten zeitlichen Abstand der optischen Gates angewandt werden kann.

Ein Vorteil der Kalibration der Zeitachse liegt außerdem in der Bedienung des experimentellen Aufbaus. Der Umrechnungsfaktor der Steigung des Spannungsverlaufs in die Geschwindigkeit des Pulses auf dem Sensor wird in der Steuerungssoftware genutzt, um aus dem vom Nutzer angegebenen zu beobachtenden Zeitbereich und der Größe des ausgelesenen Bereichs des CCD-Sensors die einzustellende Steigung zu berechnen.

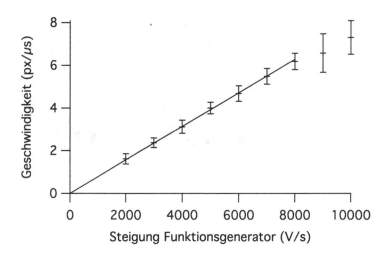

Abbildung 5.9: Zur Kalibration der Zeitachse wurde die örtliche Separation bei bekanntem zeitlichen Abstand der Pulse in Abhängigkeit von der eingestellten Steigung am Funktionsgenerator gemessen. Im linearen Bereich beträgt die Steigung der Kurve $(0,79 \pm 0,03) \cdot 10^3\,\mathrm{px/V}$. Dieser Faktor wird verwendet, um auf der horizontalen Achse einer Aufnahme eine Umrechnung von Position zu Zeit vorzunehmen.

5.2.2.2 Überprüfung der Kalibration

Um die Kalibration zu überprüfen, wurden verschiedene Effekte mit bekannter zeitlicher Struktur mit dem vorgestellten System beobachtet. Die Messung in Abbildung 5.10 (a) zeigt einige Perioden der Synchrotronoszillation an ANKA. Die Diagnosefunktion des Bunch-By-Bunch Feedbacksystems (BBB) gibt die Synchrotronfrequenz für diesen Fall mit $f_s = (11,13 \pm 0,04)\,\mathrm{kHz}$ an. Die Analyse der Messung des Strahlprofilmonitors über eine zeitlich äquidistante Zuordnung der Pulse anhand der bekannten Repetition der optischen Gates und einer anschließenden Anpassung des Positionsverlaufs (siehe Abb. 5.10 (b)) an eine Sinuskurve ergibt eine Schwingungsfrequenz von $f = (11,06 \pm 0,03)\,\mathrm{kHz}$. Die Auswertung mit Hilfe der Kalibration der horizontalen Bildachse liefert $f = (10,7 \pm 0,4)\,\mathrm{kHz}$. Für beide Methoden stimmt die gemessene Frequenz innerhalb der Unsicherheiten mit dem vom

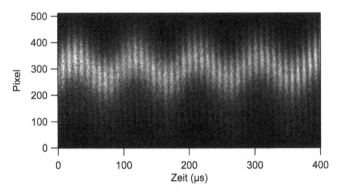

(a) Aufnahme einiger Synchrotronschwingungsperioden.

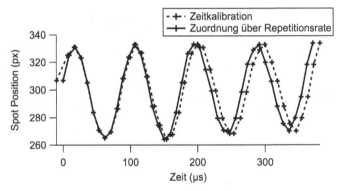

(b) Vergleich der auf unterschiedliche Arten ermittelten zeitlichen Verläufe der rekonstruierten Position der Strahlungspulse.

Abbildung 5.10: Die Messung in (a) zeigt die Aufnahme einiger Synchrotronschwingungsperioden mit dem vorgestellten Aufbau. Für diese Aufnahme wurden die getrennt wahrnehmbaren Pulse mit zwei verschiedenen Methoden einem zeitlichen Verlauf zugeordnet und die Position auf der vertikalen Bild-, also der horizontalen Strahlebene für jeden Puls ermittelt (b). Die Methode der zeitlichen Kalibration, welche in (a) für die Umrechnung von der örtlichen in eine Zeitachse verwendet wurde, ist im Vergleich zu der Zuordnung anhand der bekannten Repetitionsrate der Pulse leicht verzerrt. Die zweite Methode wird wegen der geringeren Unsicherheiten bevorzugt verwendet.

BBB Feedbacksystem ausgegebenen Wert überein. Darüber hinaus bestätigt diese Messung die bevorzugte Verwendung der ersten Analysemethode, da sie wegen der äußerst genau bekannten Repetitionsrate eine deutlich geringere Unsicherheit besitzt.

Eine weitere Konsistenzmessung im Bereich niedriger Drehgeschwindigkeiten des Spiegels wurde durchgeführt, indem die Bunche mittels des BBB Feedbacksystems mit einer bekannten Periode angeregt wurden. Diese gezielte Anregung durch einen *Stripline Kicker* in der horizontalen Ebene bewirkt eine schnelle, kollektive Oszillation der Bunche, welche in Abbildung 5.11 deutlich zu sehen ist, sowie eine Erhöhung der horizontalen Bunchgröße. Für die Messung wurde die kurz anhaltende Anregung in einem zeitlichen Abstand von $T = 10\,\text{ms}$ wiederholt. Auch hier liefern beide Methoden der zeitlichen Zuordnung gute Übereinstimmungen. Die äquidistante Zuordnung ergibt einen Abstand von $T = (9,9 \pm 0,2)\,\text{ms}$, die Kalibration einen Wert von $T = (10,3 \pm 0,4)\,\text{ms}$.

Für die Auswertung der mit diesem Aufbau getätigten Messungen wird daher je nach Art der Messung die geeignetste Analysemethode gewählt. Sind die Synchrotronstrahlungspulse auf dem Sensor deutlich voneinander separiert wahrzunehmen, wird den Pulsen wegen der höheren Genauigkeit über die Repetitionsrate des optischen Gates eine Zeitinformation zugeordnet. Ist dies nicht der Fall, kann die Kalibration verwendet werden, um für die horizontale Bildebene eine Umrechnung in eine Zeitachse vorzunehmen. Darüber hinaus sollte die Kalibration zur Vermeidung von systematischen Fehlern regelmäßig durchgeführt werden.

5.3 Auswertung der Messdaten

Um aus den aufgenommenen Bildern, wie zum Beispiel in Abbildung 5.7 zu sehen, die Strahlpositionen und -größen für die einzelnen Pulse zu ermitteln, werden diese zunächst unter Verwendung der Software MATLAB [46] anhand des folgenden Schemas prozessiert.

1. Bestimmung der Position der Pulse:
   Da sich die einzelnen Pulse nicht immer an exakt denselben Positionen auf dem Bild befinden, wird nach dem Einlesen des Bildes zunächst eine Projektion auf die horizontale Bildachse durchgeführt. Diese zeigt eine periodische Struktur des Intensitätsverlaufs, wobei die lokalen Maxima die Positionen der einzelnen Pulse widerspiegeln. Die Positionen

werden mit Hilfe der in MATLAB integrierten Funktion *findpeaks* bestimmt, die für einen Datensatz die lokalen Maxima unter gegebenen Voraussetzungen, wie zum Beispiel dem minimalen Abstand zweier Maxima, ausgibt.

2. Zeitliche Zuordnung der Pulse:
Die Positionen der Pulse auf der horizontalen Bildachse werden jeweils einem Zeitpunkt zugeordnet. Wie im vorangegangenen Abschnitt erläutert, wird für klar separierte Pulse die bekannte Zeit Δt zwischen den optischen Gates verwendet und die in Schritt 1 gefundenen Pulse von links nach rechts dem Zeitpunkt $n \cdot \Delta t$ zugeordnet.

3. Berechnung der horizontalen Strahlgröße und -position:
Das horizontale Bunchprofil wird für jeden aufgenommenen Puls aus den Daten extrahiert, indem eine Projektion an die vertikale Bildach-

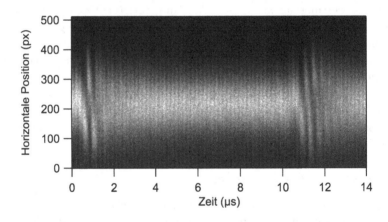

Abbildung 5.11: Messung von periodischen Anregungen der Bunche mittels des Bunch-By-Bunch Feedbacksystems. Gezielte Ablenkungen durch einen horizontalen Kickermagneten bewirken kollektive Oszillationen und eine Steigerung der horizontalen Bunchgröße. Die Anregungen wurden mit einer Periode von 10 ms durchgeführt, diese lässt sich mit den beiden vorgestellten Methoden mit guter Übereinstimmung rekonstruieren.

se durchgeführt wird. Hierfür wird jeweils ein Bereich der horizontalen Bildachse um die gefundenen Pulspositionen herum berücksichtigt, dessen Breite sich an dem mittleren Abstand der Pulse orientiert. Grund hierfür ist, dass für breitere Bereiche ein besseres Signal-Rausch-Verhältnis erreicht wird, bei zu groß gewählten Breiten jedoch benachbarte Pulse mit abgebildet werden. Für jedes so erzeugte Bunchprofil wird zur automatisierten Auswertung eine Anpassung an eine Gauß-Verteilung durchgeführt, um dessen Breite und Position in Pixeln zu bestimmen. Diese werden dann über die bekannte Vergrößerung des optischen Aufbaus von $M_h = 2,6$ (vgl. Abschnitt 5.1.1) und die Größe der Pixel von $13,5\,\mu$m (vgl. Tab. 5.1) in Strahlgröße und -position umgerechnet. Zur weiteren Verarbeitung der Messdaten werden die Breiten und Positionen der angepassten Kurven gemeinsam mit dem zugeordneten Zeitwert abgespeichert.

In Kapitel 6 sind auch Bilder zu sehen, bei denen die einzelnen Synchrotronstrahlungspulse nicht eindeutig voneinander getrennt wahrnehmbar sind. Diese Art der Aufnahme ermöglicht die Beobachtung von langen Zeitskalen ohne ein hohes Downsampling, bei welchem hohe Frequenzen Artefakte durch Schwebungen hervorrufen, allerdings können die Strahlprofile nicht mehr einzeln ausgewertet werden. Daher wird bei diesen Bildern auf die hier vorgestellte Prozessierung der Daten verzichtet und lediglich eine Umrechnung der horizontalen Bild- in eine Zeitachse anhand der Kalibration im vorausgegangenen Abschnitt durchgeführt.

6 Messungen der Strahlgröße und Strahlposition

Mit dem im vorausgegangenen Kapitel erläuterten System wurden Studien durchgeführt, um die zeitliche Evolution der horizontalen Strahlgröße und -position unter verschiedenen Bedingungen zu beobachten. Die gleichzeitige, zeitaufgelöste Messung dieser beiden Größen auf flexiblen Zeitskalen gibt Einblick in die Prozesse der Strahldynamik an Speicherringen und macht den Aufbau so zu einem wertvollen Instrument der Strahldiagnose.

Im ersten Abschnitt dieses Kapitels werden zunächst Messungen unter abgewandelter Verwendung des Systems zur Untersuchung von Änderungen der Strahlgröße auf langen Zeitskalen vorgestellt. Im Anschluss folgen erste Studien zur zeitaufgelösten Strahldynamik, sowie ein Ausblick auf Möglichkeiten für weitere Studien mit dem vorgestellten System.

6.1 Statische Messungen

Für die Beobachtung von Drifts der Strahlgröße über einen längeren Zeitraum bis hin zu vielen Stunden und zum Vergleich zwischen verschiedenen Betriebsmodi des Beschleunigers, wurden zunächst Messungen unter Verwendung eines nicht beweglichen Spiegels durchgeführt, sodass auf dem Sensor der Kamera jeweils nur ein Strahlprofil aufgezeichnet wurde. Dieses Verfahren ermöglicht zwar im Vergleich zu den mit dem vollständigen System durchgeführten Studien (vgl. Abschnitt 6.2) nicht die Beobachtung der Evolution der Strahlposition und -größe auf kurzen Zeitskalen, bietet aber bereits deutliche Vorteile gegenüber den üblichen Synchrotronstrahlungsmonitoren, da es die Verwendung der Fast Gated Intensified Camera ermöglicht, Einzelschussmessungen durchzuführen. Dies bedeutet, dass in einer Multi-Bunch Umgebung ein einzelner Bunch für einen oder mehrere Umläufe aufgenommen und vermessen werden kann. Dennoch kann flexibel über mehrere Umläufe desselben Bunches integriert werden.

Für die Messungen in diesem Kapitel kamen daher zwei Aufnahmemethoden der Kamera zum Einsatz: Es wurde für die Aufnahmen entweder nur eines

(*Single Gate*) oder 100 optische Gates (*Multi Gate*) pro Belichtung geöffnet. Somit stellen Single Gate Messungen die Vermessung eines einzelnen
Synchrotronstrahlungspulses dar, für Multi Gate Messungen wurde das Bild
über 100 Pulse desselben Bunches integriert. Bei beiden Methoden wurde
unter Annahme einer Gauß-Verteilung die horizontale Größe und Position
des Bunches durch einen Fit bestimmt.

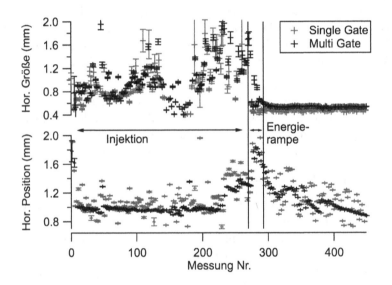

Abbildung 6.1: Die horizontale Strahlgröße und -position wurde abwech-
selnd für einzelne Synchrotronstrahlungspulse (Single Gate)
und nach der Integration über 100 Pulse (Multi Gate) bestimmt. Während im Bereich der Injektion und der Energierampe vor allem in der Strahlgröße ein sehr instabiles
Verhalten zu erkennen ist, herrscht nach der Energierampe beim Betrieb bei 2,5 GeV eine stabilere Strahldynamik.
Fluktuationen der Strahlposition, zu sehen in den Single Gate Messungen, bewirken eine tendenzielle Überschätzung der
Strahlgröße für die gemittelten Strahlprofile.

6.1.1 Strahlgröße in Abhängigkeit des Strahlstroms

In Abbildung 6.1 ist eine Serie solcher Messungen während der Injektion, der Energierampe und dem Beginn des Nutzerbetriebs dargestellt. Es ist zu erkennen, dass sich die Fluktuationen der Strahlposition in den Single Gate Messungen im Vergleich zu den Multi Gate Messungen deutlicher widerspiegeln, da für letztere über etliche Pulse gemittelt wurde. Darüber hinaus ist die gemessene Strahlgröße für viele Öffnungen des Gates tendenziell höher als für die Messungen mit einer einzelnen Öffnung. Dies entspricht der Erwartung, da die Fluktuationen der Strahlposition ein Ausschmieren des Profils auf den lange integrierten Bildern und somit ein von der Fluktuationsamplitude abhängiges Überschätzen der Strahlgröße bedeuten. Dieser Effekt spielt auch für die Nutzung von SLMs eine große Rolle, da diese in der Regel über alle im Ring befindlichen Bunche sowie über viele Umläufe integrieren und so für die Strahlgröße im Falle transversaler Oszillationen zu hohe Werte ermitteln.

Weiterhin ist in der Grafik zu erkennen, dass die Strahldynamik während des Betriebs bei einer Energie von 2,5 GeV, also ca. ab Messung Nr. 300, deutlich stabiler ist als im Bereich der Injektion und Energierampe. Die Instabilität des Strahls in diesen Bereichen kann mit Hilfe des rotierenden Spiegels im zeitlichen Verlauf beobachtet werden und wird in Abschnitt 6.2.3 thematisiert werden.

Für die Messung der Strahlgröße in Abhängigkeit des Strahlstroms wird daher der Bereich betrachtet, in dem stabile Bedingungen herrschen. Der in Abbildung 6.1 der Übersichtlichkeit halber zum Großteil abgeschnittene, stabile Bereich während des Stromabfalls ist in Abbildung 6.2 über dem Strahlstrom dargestellt, zum Vergleich ist die Messung der horizontalen Strahlgröße mit einem SLM für einen anderen *Fill*[1] abgebildet [34].

Die Single Gate Messungen im unteren Graph von Abbildung 6.2 zeigen, dass weiterhin starke Fluktuationen der Strahlposition herrschen, während sich die gemittelten Messungen lokal stabil verhalten, jedoch einen kontinuierlichen Drift über längere Zeit zeigen. Die Fluktuation in der Position kann auf die Synchrotronoszillation zurückgeführt werden, da diese, wie in Abschnitt 6.2.1 gezeigt werden wird, die horizontale Strahlbewegung dominiert.

---

[1] Der Zyklus des Betriebs des Speicherrings von der Injektion bis zur Vernichtung des Strahls wird Fill (dt.: Füllung) genannt.

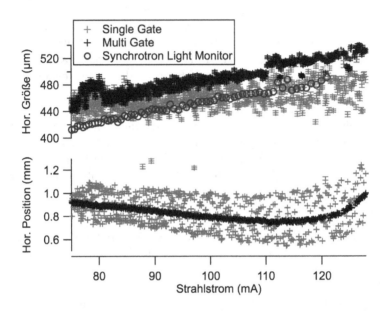

Abbildung 6.2: Messung der horizontalen Strahlposition und -größe während der Abnahme des Strahlstroms bei einer Energie von 2,5 GeV mit Single und Multi Gate Aufnahmen. Die für einzelne Strahlungspulse gemessene Strahlgröße weist in diesem Strombereich eine lineare Stromabhängigkeit auf. Gleichzeitig ist eine systematische Überschätzung der Strahlgröße für Multi Gate Messungen zu sehen. Diese ist mit der Fluktuation der Strahlposition zu erklären und wird daher im Bereich kleinerer Fluktuationen geringer. Die Messung mit Hilfe des SLM, aufgenommen während einen anderen Fills, zeigt eine ähnliche Steigung zu der der Multi Gate Messungen, besitzt jedoch eine systematische Abweichung.

Die Strahlgröße (Single Gate) fluktuiert ebenfalls stark, fällt jedoch beim Betrieb bei 2,5 GeV für niedriger werdende Strahlströme ab. Eine Anpassung an die lineare Gleichung

$$\sigma_x(I) = \sigma_{x,0} + m \cdot I \qquad (6.1)$$

ergibt eine extrapolierte Nullstrom-Strahlgröße von $\sigma_{x,0} = (404 \pm 7)\,\mu\mathrm{m}$ und eine Steigung von $(0,56 \pm 0,07)\,\mu\mathrm{m}/\mathrm{mA}$. Der Übersichtlichkeit wegen wurde in Abbildung 6.2 auf die Einzeichnung der Geraden verzichtet. Hierbei muss jedoch beachtet werden, dass es sich um den Strahlstrom handelt, also den summierten Strom für alle Bunche im Speicherring. Außerdem kann der Verlauf der Strahlgröße für kleine Ströme vom linearen Verlauf abweichen, sodass der Wert der Nullstrom-Strahlgröße eher als Fitparameter zu verstehen ist und möglicherweise nicht mit dem tatsächlichen Grenzwert der Strahlgröße für kleine Ströme übereinstimmt. Der in Abschnitt 3.4.1 errechnete theoretische Wert von $\sigma_x = 333\,\mu\mathrm{m}$ wird hier nicht erreicht. Die Messung zeigt leichte, systematische Abweichungen von der Strahlgrößenmessung durch einen SLM. Hier muss beachtet werden, dass zwischen den drei eingezeichneten Messungen jeweils unterschiedliche Mittelungsverfahren herrschen. Während die Single Gate Messungen einen einizgen Synchrotronstrahlungspuls auswerten, wird bei Multi Gate Messungen über 100 Pulse des selben Bunches, beim Synchrotronstrahlungsmonitor sogar über eine deutlich höhere Anzahl an Pulsen aller Bunche integriert. Außerdem wird für die Auswertung des SLM ein anderer Fit-Algorithmus verwendet. Weitere mögliche Gründe für Abweichungen liegen in der Tatsache, dass die Messungen für unterschiedliche Fills durchgeführt wurden. Zudem ist die Verwendung unterschiedlicher Beamlines ein möglicher Grund für Abweichungen, wobei die Optikfunktionen an den beiden Stellen des Rings identisch sind.

Ein leicht anderes Verhalten zeigt eine vergleichbare Messung im Kurzbunchbetrieb bei einer Energie von 1,3 GeV. Die Strahlgrößen für Single und Multi Gate Messungen während des Single-Bunch-Betriebs sind in Abbildung 6.3 in Abhängigkeit des Strahlstroms dargestellt. Hier ist die systematische Überschätzung der Strahlgröße für Multi Gate Messungen nicht sichtbar. Der Grund dafür ist die geringere Fluktuation der Strahlposition durch Synchrotronoszillationen. Auch hier wurde eine Anpassung an die lineare Gleichung 6.1 durchgeführt, sodass sich die Parameter $\sigma_{x,0} = (425 \pm 2)\,\mu\mathrm{m}$ und $m = (58 \pm 3)\,\mu\mathrm{m}/\mathrm{mA}$ ergeben. Die entsprechende Gerade ist in Abbildung 6.3 eingezeichnet. Der Wert der Steigung entspricht in etwa dem hundertfachen

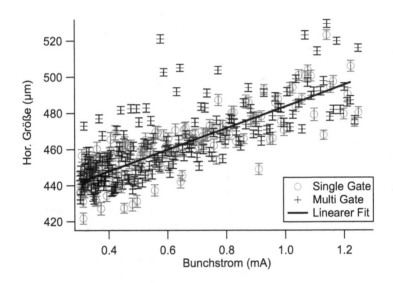

Abbildung 6.3: Messung der horizontalen Strahlgröße in Abhängigkeit des
Bunchstroms für eine Energie von 1,3 GeV. Auch hier ist die
Strahlgröße im aufgetragenen Strombereich linear abhängig
vom Bunchstrom.

der für die Messung im Multi-Bunch-Betrieb bei einer Energie von 2,5 GeV
ermittelten Steigung. In Anbetracht der Tatsache, dass der Strahlstrom sich
im bei diesem auf zwischen 100 und 130 Bunche aufteilt, können die Steigungen als gut miteinander übereinstimmend betrachtet werden. Es muss
beachtet werden, dass für die Messungen stark unterschiedliche Strahloptiken verwendet wurden und daher auch ein unterschiedliches Verhalten der
Strahlgröße erwartet wird. Um eine Aussage darüber treffen zu können, ob
die Erhöhung der Strahlgröße von der Optik unabhängig ist, sollten jedoch
weitere ähnliche Messungen für verschiedene Optiken durchgeführt werden.
Darüber hinaus muss in zukünftigen Untersuchungen überprüft werden, ob
eine nichtlineare Verstärkung des Bildverstärkers bei den hohen Photonen-
strömen der Strahlungspulse zu systematischen Fehlern in der Auswertung
der Strahlgröße führt.

6.1.2 Strahlgröße in Abhängigkeit der Strahlenergie

Während des Erhöhens der Strahlenergie im Speicherring von 0,5 GeV auf 1,3 GeV wurde die Strahlgröße mit dem vorgestellten Aufbau gemessen. Die Ergebnisse sind in Abbildung 6.4 dargestellt. Als Vergleich hierzu sind die Messungen der Bunchlänge mittels einer Streak Camera [24] und der vertikalen Strahlgröße mittels Interferometrie am SLM [34] im selben Graphen zu sehen. Die Messungen wurden unter leicht unterschiedlichen Bedingungen durchgeführt: Während für die Bunchlängenmessung im Single-Bunch-Betrieb die gezeigten Energien schrittweise angefahren wurden, um die Synchrotronfrequenz zwischen den Messungen durch Verändern der Spannung der Cavities konstant zu halten, wurden die transversalen Strahlgrößen beim Durchlaufen der Energierampe in der üblichen Geschwindigkeit, jedoch für unterschiedliche Fills, gemessen. Hierbei veränderte sich die Synchrotronfrequenz über den gemessenen Energiebereich von 44, 6 kHz auf 34, 1 kHz. Zur Bestimmung der horizontalen Strahlgröße wurden Multi Gate Messungen im Single-Bunch-Betrieb durchgeführt, die Messung der vertikalen Strahlgröße entspricht einer Integration über mehrere Umläufe, ebenfalls im Single-Bunch-Betrieb.

Die Messung zeigt für die Maße des Bunches in allen drei Dimensionen ein ähnliches Verhalten. Für niedrige Strahlenergien bewirken Instabilitäten eine Ausdehnung des Bunches [3]. Ab einer Energie von ∼1,0 GeV steigen die horizontale Strahlgröße und die Bunchlänge wieder an. Die vertikale Strahlgröße ist in diesem Bereich nahezu konstant, steigt jedoch für höhere Energien erneut an [34, S. 59 f.]. Erwartet werden Energieabhängigkeiten von [47, S. 129 - 140]

$$\sigma_{x,y} \propto E \qquad\qquad \sigma_z \propto E^{3/2}. \qquad (6.2)$$

Diese theoretischen Energieabhängigkeiten stützen sich auf die Annahme, dass weder die Optikfunktionen noch die Beschleunigungsspannung verändert werden. Da dies bei ANKA nicht gegeben ist, wird auf eine Anpassung an die theoretischen Verläufe verzichtet. Das erwartete Ansteigen der Strahlgrößen und Bunchlänge kann an ANKA mit diesen Messungen bestätigt werden. Wenngleich die verwendeten Messmethoden Unterschiede in Hinsicht auf die Mittelung über viele Umläufe oder Bunche besitzen, erlaubt eine solche Messung dennoch die Beobachtung der dreidimensionalen Ausdehnung des Bunches.

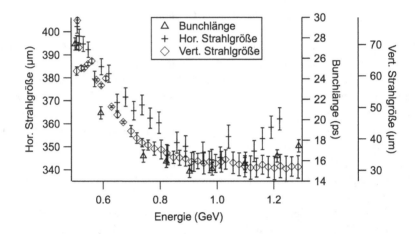

Abbildung 6.4: Messung der horizontalen Strahlgröße in Abhängigkeit der Strahlenergie mit dem vorgestellten Aufbau. Zum Vergleich ist die Bunchlänge, gemessen mit einer Streak Camera, sowie die mittels Interferometrie gemessene vertikale Strahlgröße dargestellt [24, 34]. Die Messungen stammen aus unterschiedlichen Fills, bei der Messung der Bunchlänge wurde während des Erhöhens der Strahlenergie die Synchrotronfrequenz konstant gehalten. Der Trend der Größe des Bunches in allen drei Raumrichtungen ist für Energien bis 1,0 GeV vergleichbar, oberhalb dieser Energie wird ein unterschiedliches Verhalten beobachtet.

6.1.3 Strahlgröße im Kurzbunchbetrieb

In Abschnitt 3.3 wurde der Kurzbunchbetrieb vorgestellt, der unter anderem zur Erzeugung von kohärenter Synchrotronstrahlung an ANKA genutzt wird. Wie Abbildung 3.4 zeigt, werden hierfür die Optikfunktionen angepasst, wodurch sich unter anderem die Strahlgrößen ändern. Abbildung 6.5 zeigt die gemessene horizontale Strahlgröße für mehrere, unterschiedliche Optikfunktionen, hier repräsentativ dargestellt durch die Änderung des Stroms einer der Quadrupolfamilien.

Da für einige der im Kurzbunchbetrieb verwendeten Optiken Simulationen der Optikfuntionen bzw. der Dispersion und Energieunschärfe durchgeführt

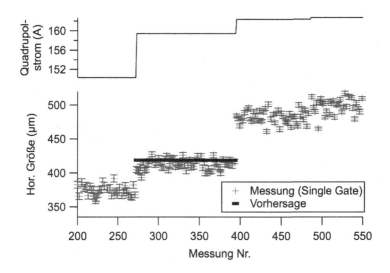

Abbildung 6.5: Messung der horizontalen Strahlgröße für verschiedene Strahloptiken. Die Änderungen der Optik werden durch den Quadrupolstrom visualisiert und bewirken jeweils eine Reduzierung der Bunchlänge. Während die Bunchlänge reduziert wird, steigt die horizontale Strahlgröße zunehmend an. Die Vorhersage der Strahlgröße durch Simulationen konnte lediglich für eine der verwendeten Optiken durchgeführt werden.

wurden, konnte für einen Teil der Messungen eine Abschätzung der Strahlgröße vorgenommen werden. Es muss beachtet werden, dass die Messungen bei hohen Bunchströmen im Bereich von $1,35\,\mathrm{mA} < I_b < 1,62\,\mathrm{mA}$ durchgeführt wurden und somit die in Abschnitt 6.1.1 thematisierte systematische Erhöhung der horizontalen Strahlgröße für größer werdende Bunchströme eine Rolle spielt. Um eine gute Abschätzung der Strahlgröße zu erhalten, wurde die mit Gleichung 2.19 berechnete Strahlgröße $\sigma_{x,0} = 427\,\mathrm{µm}$ durch den in Gleichung 6.1 dargestellten linearen Zusammenhang mit dem Bunchstrom erweitert. Als Steigung wurde der in Abschnitt 6.1.1 für die Messung im Kurzbunchbetrieb gefundene Wert $m = 58\,\mathrm{µm/mA}$ verwendet. Die so abgeschätzte Strahlgröße ist in Abbildung 6.5 eingezeichnet und stimmt sehr gut mit der Messung überein.

6.2 Erste dynamische Studien

Für die in diesem Abschnitt gezeigten Messungen wurde der vollstände Aufbau mit rotierendem Spiegel verwendet. Zusätzlich zur Möglichkeit von Einzelschussmessungen mit dem statischen Aufbau können hier also mehrere Einzelschüsse mit kurzer, aber flexibler zeitlicher Separierung aufgenommen werden. Dies ermöglicht die Untersuchung der zeitlichen Evolution des Strahlprofils und findet vielfältige Anwendungszwecke. Es werden in diesem Abschnitt Studien vorgestellt, die im Rahmen dieser Arbeit durchgeführt wurden, außerdem wird ein Ausblick auf die weiteren Anwendungsmöglichkeiten des Systems zur Optimierung von Kreisbeschleunigern gegeben.

6.2.1 Synchrotronoszillation

In Abschnitt 2.3.2 wurden die Ursache und die Dynamik der Synchrotronoszillation beschrieben. Da es sich bei der kohärenten Synchrotronoszillation um eine Schwingung der longitudinalen Bunchposition sowie der mittleren Teilchenenergie handelt, folgt in Bereichen mit von null verschiedener Dispersionsfunktion ebenfalls eine Oszillation der horizontalen Bunchposition. Die Betatronschwingung als expliziter transversaler Effekt ist in der Regel stark gedämpft und daher nicht zu beobachten. Somit ist die Synchrotronoszillation der dominierende Effekt, der mit dem Aufbau beobachtet werden kann. In Abbildung 6.6 ist diese, aufgenommen mit dem vorgestellten experimentellen Aufbau, zu sehen. Die Abbildung zeigt das ausgelesene Bild, bei welchem die Strahlungspulse zeitlich von links nach rechts versetzt und jeweils um sechs Umläufe ($\hat{=}2,21\,\mu s$) separiert sind. Der Übersicht halber ist die kalibrierte Zeitachse eingezeichnet. Darunter ist die zeitliche Entwicklung der Strahlposition und der Strahlgröße zu sehen, in diesem Fall mit der genaueren zeitlichen Zuordnung der Pulse nach ihrem bekannten zeitlichen Abstand.

Die Abbildung zeigt für eine Energie von 1,3 GeV und eine vom BBB Feedbacksystem gemessene Synchrotronfrequenz von $f_s = (31,00 \pm 0,04)\,\mathrm{kHz}$ eine Oszillation der mittleren Bunchposition mit einer Frequenz von $f_{<x>} = (30,87 \pm 0,03)\,\mathrm{kHz}$, ermittelt durch den Fit einer Sinusfunktion an die Messdaten. Wegen der geringen Unsicherheit der Messpunkte auf der Zeitachse (vgl. Abschnitt 5.2.2) ist die Unsicherheit der Ergebnisse durch die Fehlerabschätzung des Fits dominiert. Gleichzeitig wird in Abbildung 6.6 eine Oszillation der Strahlgröße mit der Frequenz $f_{\sigma_x} = (61,7 \pm 0,4)\,\mathrm{kHz}$ sichtbar.

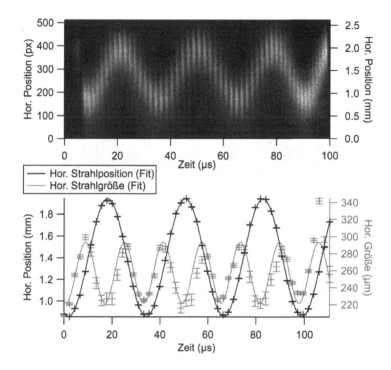

Abbildung 6.6: Aufnahme der Synchrotronoszillation als horizontale Schwingung mit dem vorgestellten Strahlprofilmonitor. Das Bild im oberen Teil der Grafik zeigt die Aufnahme der Kamera mit grob skalierter Zeitachse, die Graphen stellen den zeitlichen Verlauf der horizontalen Strahlposition und -größe mit genauerer Zeitskalierung dar. Zusätzlich zur Oszillation der Bunchposition mit $f_s = (30,87 \pm 0,03)\,\text{kHz}$ ist eine Größenoszillation mit der doppelten Frequenz nachweisbar.

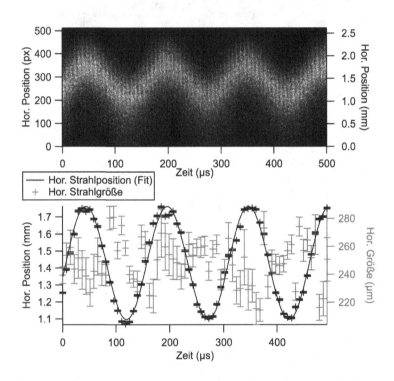

Abbildung 6.7: Die Aufnahme zeigt eine in der horizontalen Ebene stark ausgeprägte Synchrotronschwingung mit $f_s = (6, 60 \pm 0, 05)$ kHz
während des Kurzbunchbetriebs. In diesem Fall bleibt die
Oszillation der Strahlgröße jedoch aus.

Dies entspricht der zweifachen Synchrotronfrequenz

$$\frac{f_{\sigma_x}}{f_{<x>}} = 2,00 \pm 0,02, \tag{6.3}$$

was durch die Dynamik der Synchrotronoszillation zu erklären ist. Bei der Bewegung des Bunchschwerpunktes im longitudinalen Phasenraum um den Ursprung herum (vgl. Kap. 4.2) kommt es zu einer definierten Oszillation der Impulsunschärfe und damit der Strahlgröße mit der Frequenz $2f_s$. Dieser Effekt kann jedoch, auch bei Vorhandensein einer ausgeprägten Synchrotronoszillation, nicht immer beobachtet werden. In Abbildung 6.7 ist eine vergleichbare Messung dargestellt, aufgenommen im Kurzbunchbetrieb. Diese weist eine starke Synchrotronoszillation auf, jedoch lediglich eine statistische Fluktuation der Strahlgröße.

Für die Oszillation der Strahlgröße und somit auch für deren Ausbleiben gibt es mehrere mögliche Erklärungen. Zum einen treten für unterschiedliche Optiken Änderungen im Verlauf des Potentials im longitudinalen Phasenraum im Vergleich zu Abbildung 2.4 auf. Hierdurch kann sich die Form der RF-Buckets, also der Potentialtöpfe, gerade so verändern, dass bei der kollektiven Oszillation der Teilchen im Phasenraum eine Verformung der Impulsverteilung einsetzt. Zum anderen kann die inkohärente Bewegung der Elektronen im Phasenraum eine Verformung des Bunches und dessen Impulsverteilung bewirken. Die in Kapitel 4.2 gezeigten Spektrogramme, aufgenommen im Kurzbunchbetrieb, aber bei einer anderen Optik als die hier gezeigten Aufnahmen, zeigen bereits für einen gewissen Bereich des Strahlstroms klar den inkohärenten Synchrotron Tune. In weiteren Studien werden gleichzeitige Aufnahmen von Spektrogrammen des THz-Signals, Spektrogrammen der Bunchposition und Messungen des Strahlprofils zeigen, ob die Sichtbarkeit des inkohärenten Synchrotron Tunes in den Spektrogrammen mit der Oszillation der horizontalen Strahlgröße verknüpft ist oder ob diese durch andere Effekte hervorgerufen wird.

Ein Ausblick auf weitere mögliche Studien der horizontalen Strahldynamik im Kurzbunchbetrieb wird in Abschnitt 6.2.3.3 gegeben werden.

6.2.2 Grow-Damp Messungen

In Abschnitt 2.3.1 zur transversalen Strahldynamik wurde die Betatronschwingung als Oszillation einzelner Elektronen um die Sollbahn eingeführt.

Diese Schwingung kann als gedämpfte Schwingung betrachtet werden. Grund für die Dämpfung ist, dass die Emission von Synchrotronstrahlung den Impuls der Elektronen in Bewegungsrichtung reduziert, somit also im Falle einer horizontalen Schwingung auch der horizontale Anteil des Impulses verringert wird. Da den Elektronen in den Beschleunigungsstrecken lediglich ein Impuls in longitudinaler Richtung zugeführt wird, minimiert sich der mittlere horizontale Impuls bis hin zu einem Gleichgewichtswert[2] [48, S. 438 ff.]. Die Dämpfung verläuft exponentiell, somit kann die Amplitude $\hat{x}$ durch

$$\hat{x} = \hat{x}_0 \cdot e^{-t/\tau_x} \tag{6.4}$$

beschrieben werden. Hierbei wird τ_x Dämpfungszeit genannt. Wird ein Bunch zu einer kollektiven Betatronschwingung angeregt, setzen zusätzlich zur Strahlungsdämpfung weitere Effekte ein, wie Landau- und Head-Tail-Dämpfung [49]. Die Überlagerung mehrerer Dämpfungsmechanismen resultiert in einer Dämpfungszeit der kollektiven Schwingung von $1/\tau_x = \sum_i 1/\tau_i$ und bewirkt zudem eine Abhängigkeit vom Strahlstrom [50].

Das bereits vorgestellte Bunch-by-Bunch Feedbacksystem ermöglicht es, Messungen der Dämpfungszeit durchzuführen. Durch eine gezielte Anregung einzelner Bunche mittels eines Stripline Kickers wird eine kollektive horizontale Betatronschwingung hervorgerufen. Wird die Anregung beendet, erfolgt eine natürliche Dämpfung der Schwingung.

Abbildung 6.8 zeigt den Verlauf der horizontalen Strahlposition während einer solchen Messung. Diese wurde, wie die übrigen in diesem Abschnitt gezeigten Messungen, bei einer Energie von 2,5 GeV durchgeführt. Zur besseren Übersicht wurde hier zunächst auf die Darstellung der Strahlgröße verzichtet. Für dieses Bild wurde die zeitliche Separierung der Pulse auf 100 Umläufe ($\hat{=} 36,8\,\mu$s) festgelegt. Im aufgenommenen Bild (a) ist die Auslenkung des Bunchschwerpunktes klar zu erkennen. Da die Schwingungsfrequenz der Betatronoszillation mit ~ 770 kHz deutlich über der Samplingrate liegt, kann lediglich ein Alias-Effekt beobachtet werden, jedoch ist in dieser Messung ohnehin die Einhüllende der Oszillation entscheidend. Durch die relativ geringe Anzahl an Messpunkten ist diese Messmethode für die Bestimmung der Einhüllenden nicht optimal geeignet. Um dennoch eine Abschät-

---

[2] Wegen der statistischen Emission von Synchrotronstrahlung kommt es immer wieder zu Änderungen des Transversalimpulses und somit zu Anregungen von Betatronschwingungen einzelner Elektronen. Es bildet sich ein Gleichgewicht zwischen statistischer Anregung und Dämpfung.

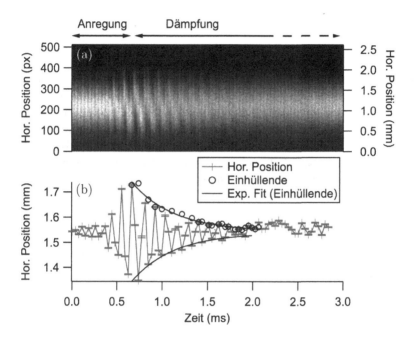

Abbildung 6.8: Zur Messung der Dämpfungszeit wurde die Position der einzelnen Strahlprofile und die Einhüllende der Oszillation nach einer horizontalen Anregung des Bunches bestimmt (b). Die Dämpfungszeit wurde durch die Anpassung einer Exponentialfunktion bestimmt und beträgt für diese Messung $\tau_x = (0,46 \pm 0,06)\,\mathrm{ms}$.

zung liefern zu können, wurde aus der Messung der horizontalen Position in Abbildung 6.8 (b) der Mittelwert und für jeden Wert die absolute Abweichung hiervon berechnet. Für die Abschätzung der Einhüllenden wurden alle lokalen Maxima dieser Kurve im Bereich der exponentiellen Dämpfung der Schwingung eingezeichnet. Die Anpassung einer Exponentialfunktion

$$x = x_0 + Ae^{-t/\tau_x} \tag{6.5}$$

an die Einhüllende ergibt eine Dämpfungszeit von $\tau_x = (0,46 \pm 0,06)\,\text{ms}$.

Analog hierzu wurde zum Vergleich die in Abschnitt 4.1.2 erläuterte Auslese der horizontalen Strahlposition durch das Feedbacksystem verwendet, um die Dämpfungszeit zu vermessen. Auch hier wurde die Einhüllende abgeschätzt, indem die lokalen Maxima der Auslenkung bestimmt wurden, diese sind in Abbildung 6.9 zusammen mit dem Fit einer Exponentialfunktion nach Gleichung 6.5 dargestellt. Dieser liefert eine Dämpfungszeit von $\tau_x = (0,535 \pm 0,006)\,\text{ms}$. Es ist offensichtlich, dass diese Methode für die

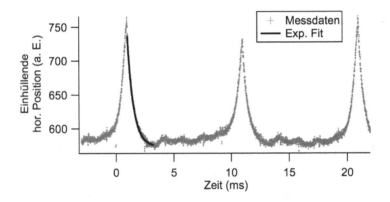

Abbildung 6.9: Die über das BBB Feedbacksystem gemessene Strahlposition zeigt ebenfalls eine exponentielle Dämpfung der Betatronschwingung nach der horizontalen Anregung. Analog zu der Messung des Strahlprofilmonitors wurde die Einhüllende der Schwingung bestimmt und ein Fit einer Exponentialfunktion durchgeführt. Die Dämpfungszeit wurde mit dieser Methode zu $\tau_x = (0,535 \pm 0,006)\,\text{ms}$ bestimmt.

Bestimmung der Dämpfungszeit der kollektiven Betatronschwingung wegen der höheren möglichen Anzahl an Messpunkten besser geeignet ist. Während mit dem Kamerasystem lediglich ~ 70 Strahlprofile aufgenommen werden sollten, um diese getrennt auswerten zu können, kann mit dem Feedbacksystem die Position zu jedem Umlauf aufgenommen werden. Für einen für diese Messung ausreichenden Zeitraum von 3 ms bedeutet dies über 8000 Messwerte. Dennoch sind die Ergebnisse beider Methoden mit vorausgegangenen Messungen der Dämpfungszeit an ANKA vereinbar [50]. Die theoretische Dämpfungszeit der Strahlungsdämpfung beträgt an ANKA 3, 08 ms [51]. Durch die beschriebene Überlagerung mehrerer Mechanismen bei der Dämpfung der kollektiven Oszillation wird jedoch ein deutlich geringerer Wert erwartet, wie die vorliegenden Messungen bestätigen.

Die Beobachtung von Grow-Damp Messungen mit dem hier aufgebauten Strahlmonitor bietet jedoch einen deutlichen Vorteil gegenüber den bisher an ANKA in Betrieb befindlichen Diagnoseinstrumenten, dieser liegt in der zeitaufgelösten Messung der Strahlgröße. Abbildung 6.10 zeigt die horizontale Strahlgröße für eine solche Messung. Während der Bunchschwerpunkt die gedämpfte Oszillation durchführt, erfolgt eine enorme Steigerung der Strahlgröße, die dann ebenfalls eine Dämpfung hin zum Gleichgewichtswert erfährt. Die Anpassung einer Exponentialfunktion an die Strahlgröße zeigt für die dargestellte Messung eine im Vergleich zur Dämpfung der Betatronoszillation deutlich höhere Dämpfungszeit von $\tau_{\sigma_x} = (1, 7 \pm 0, 2)$ ms. Wegen der höheren Dämpfungszeit der Strahlgröße wurde hier eine Messung mit größerer Zeitskalierung als in Abbildung 6.8 verwendet. Die Auswertung von mehreren Aufnahmen ergibt im Mittel einen Wert von $\tau_{\sigma_x} = (1, 5 \pm 0, 2 \pm 0, 2)$ ms. Zur Fehlerabschätzung wurden hier die Unsicherheiten der einzelnen Messungen, sowie deren statistische Abweichung berücksichtigt.

Die Erhöhung der Strahlgröße lässt sich unter anderem durch die Chromatizität erklären. Werden die Elektronen eines Bunches mit der Impulsunschärfe σ_p gleichzeitig zur Betatronschwingung angeregt, führen alle Teilchen diese wegen des Einflusses der Impulsabweichung auf den Betatron Tune (vgl. Gl. 2.18 u. 2.15) mit leicht unterschiedlicher Frequenz durch. Dies führt dazu, dass die Schwingungsphasen der Teilchen auseinanderdriften und der Bunch sich horizontal aufbläht, bevor die Schwingung der Einzelteilchen gedämpft ist.

Ein weiterer Grund für die Größenänderung des Bunches und damit für die Abweichung der Dämpfungszeiten von Bunchposition und Strahlgröße liegt

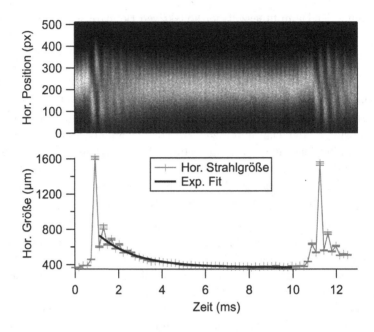

Abbildung 6.10: Die Anregung durch das Feedbacksystem und die anschließende Dämpfung der Schwingung verursachen eine Erhö-
hung der Strahlgröße. Diese erfährt eine im Vergleich zur
Strahllage langsamere exponentielle Dämpfung, die in die-
ser Messung zu $\tau_{\sigma_x} = (1,7 \pm 0,2)\,\text{ms}$ ermittelt wurde.

darin, dass die Strahlgröße nicht ausschließlich durch die Betatronschwingung einzelner Elektronen beschrieben wird, sondern darüber hinaus durch
dessen Impulsunschärfe σ_p (vgl. Gl. 2.19):

$$\sigma_x = \sqrt{\sigma_{x,\beta}^2 + \sigma_{x,p}^2}. \tag{6.6}$$

Es ist davon auszugehen, dass die horizontale Anregung des Bunches durch
das BBB Feedbacksystem wegen der Kopplung der horizontalen und der
longitudinalen Strahlebene durch die Dispersion auch zu einer Erhöhung der
Impulsunschärfe führt. Die Impuls-unschärfe erfährt wegen der Emission von
Synchrotronstrahlung wie die Betatroschwingung eine Dämpfung mit einer

anderen Zeitkonstante. Die Folge ist eine Superposition der Dämpfung beider Größen und somit eine Verknüpfung beider Dämpfungszeiten.

Zum besseren Verständnis dieser Dynamik können vergleichbare Messungen unter verschiedenen Bedingungen, wie zum Beispiel bei anderen Strahlströmen oder Strahlenergien durchgeführt werden, sowie mehrere Diagnostikmethoden parallel verwendet werden.

6.2.3 Ausblick auf weitere Studien

Der in dieser Arbeit realisierte experimentelle Aufbau erlaubt über die Möglichkeiten der bisherigen transversalen Strahldiagnose hinaus die Messung des horizontalen Strahlprofils für einzelne Synchrotronstrahlungspulse sowie die Beobachtung dessen zeitlicher Entwicklung. Dabei ist der zeitliche Bereich einer Messung flexibel an den zu beobachtenden Effekt anpassbar, was den Aufbau zu einem wertvollen Instrument der Strahldiagnose macht. Dieser Abschnitt soll einen Überblick darüber geben, welche weiteren Studien mit dem vorgestellten Aufbau möglich sind.

6.2.3.1 Injektion

Die Injektion von Elektronen vom Booster-Synchrotron in den Speicherring findet bei einer Energie von 0,5 GeV statt. Beim Injektionsprozess kommt es zu lokalen Anregungen des im Ring befindlichen Elektronenstrahls sowie der zu injizierenden Elektronen durch gepulste Magnete und somit zu Anregungen der Bunche, die zu einer kollektiven Oszillation führen [7, S. 164 ff.]. Die Anregung dauert an ANKA 1 μs, anschließend kommt es zu einer Dämpfung der horizontalen Schwingung wie in den in Abschnitt 6.2.2 vorgestellten Messungen. Die Prozesse der Injektion zu studieren hilft dabei, die Injektionsrate, also das zeitliche Ansteigen des Strahlstroms, zu erhöhen, beziehungsweise den Verlust von Elektronen während dieser zu minimieren.

Da dieser Injektionsprozesses an ANKA mit einer Rate von 1 Hz wiederholt wird, die Dämpfung der horizontalen Anregungen jedoch auf einer Skala von wenigen Millisekunden abläuft, ist es nicht trivial, diesen Prozess mit dem vorgestellten Aufbau zu beobachten. Wird die Messung von Hand gestartet, geschieht dies zu einem zur Injektion unkorrelierten Zeitpunkt. Somit ist bei einer kurzen Akquisitionszeit die Wahrscheinlichkeit, die ersten Umläufe nach der Injektion aufzunehmen, sehr gering. Wird die Akquisitionszeit sehr hoch gewählt, ist die Injektion im Detail nicht zu erkennen. Daher muss für solche Studien zukünftig ein externes Signal, der Injektionstrigger, genutzt werden, um die Messung zu starten.

Ein weiterer Aspekt, der den Anstieg des Strahlstroms verhindern kann, ist das Auftreten von Instabilitäten während des Befüllens des Speicherrings bei 0,5 GeV bis hin zum teilweisen Strahlverlust, unabhängig vom Prozess der Injektion selbst. Hierfür gibt es mehrere Hinweise. Unter anderem können während der Injektion unregelmäßige Ausbrüche des THz-Signals an den Infrarot Beamlines beobachtet werden, was auf Instabilitäten des longitudinalen Strahlprofils hindeutet. Die Beobachtung des horizontalen Strahlprofils zeigt ebenfalls Instabilitäten, die im Abstand von einigen zehn Millisekunden auftreten. Sie überdauern 10 ms bis 40 ms und machen sich durch die Anregung und anschließende Dämpfung einer horizontalen Oszillation bemerkbar.

Abbildung 6.11 zeigt eine Aufnahme mit zwei sichtbaren Anregungen im Abstand von 50 ms. Wegen der für den besseren Überblick groß gewählten Zeitskala ist hier die Dynamik der Instabilität nicht gut sichtbar. Der vorgestellte Aufbau bietet jedoch mit der flexiblen Wahl der Zeitskala die Möglichkeit, solche Effekte in mehreren Schritten zu untersuchen. Abbil-

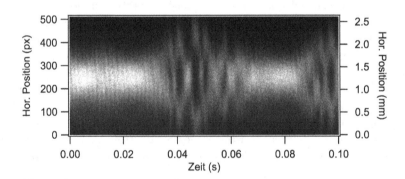

Abbildung 6.11: Die Aufnahme der Entwicklung des Strahlprofils zeigt Instabilitäten während der Injektion in den Speicherring. Eine zeitliche Korrelation zu dem Injektionsvorgang (Wiederholrate: 1 Hz) an sich ist jedoch nicht herzustellen, da die Instabilitäten deutlich häufiger auftreten (5 Hz - 30 Hz). Abbildung 6.12 zeigt deren Verlauf detaillierter.

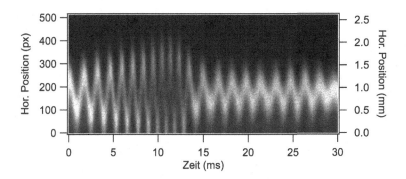

Abbildung 6.12: Die Messung des Strahlprofils während der Injektion auf einer kürzeren Zeitskala zeigt, dass die auftretenden Instabilitäten die Anregung und das anschließende Dämpfen einer Oszillation mit zeitlich variierender, amplitudenabhängiger Frequenz bedeuten.

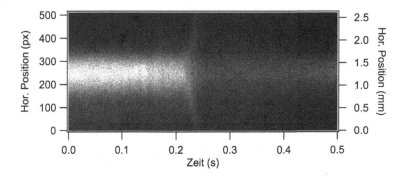

Abbildung 6.13: Das Auftreten der in den Abbildungen 6.11 und 6.12 gezeigten Instabilitäten kann zu Verlusten von Elektronen führen und bewirkt so eine geringere Injektionsrate. In dieser Messung kann beobachtet werden, wie ein Großteil der Elektronen durch die Anregung verloren geht.

dung 6.12 zeigt detaillierter die Anregung und Dämpfung der Oszillation des Bunches, wobei ein Ansteigen der Frequenz mit wachsender Schwingungsamplitude beobachtet werden kann. Eine mögliche Erklärung für die Frequenzverstimmung ist das Auftreten nichtlinearer magnetischer Felder in Sextupolmagneten und die damit verbundene Änderung der Fokussierung für hohe Schwingungsamplituden [52]. Abbildung 6.13 verdeutlicht, dass es hierbei zu teilweisen Strahlverlusten kommen kann. Für die weitere Optimierung der Injektion sollten die Ursachen und Auswirkungen dieses Effekts weiter untersucht werden.

6.2.3.2 Änderung der Optikfunktion

Zu einem instabilen Verhalten des Strahls im Speicherring führt auch das Ändern der Optikfunktionen. Dies wird unter anderem beim Durchlaufen der Energierampe, also dem Erhöhen der Strahlenergie nach der Injektion, durchgeführt, da eine Änderung des Teilchenimpulses andere Ablenkungen in den Dipol-, Quadrupol- und Sextupolmagneten mit sich bringt. So werden die Magnetoptiken automatisiert jeweils im Abstand von 5,6 ms angepasst. Während dieses Vorgangs ist der Verlust an Elektronen deutlich höher als im stabilen Betrieb. Abbildung 6.14 zeigt den Verlauf des horizontalen Bunchprofils während der Erhöhung der Strahlenergie. Es ist zu erkennen, dass enorme Auslenkungen der Bunche induziert werden, sowie Aufweitungen und Kompressionen des Profils auftreten.

Auch hier kann das aufgebaute System verwendet werden, um die Auswirkungen der schrittweisen Energieänderung zu beobachten und zu analysieren. Dies kann Hinweise darauf geben, wie die Stromverluste minimiert werden können.

6.2.3.3 Microbunching-Instabilitäten

In Kapitel 4 wurden Microbunching-Instabilitäten im Kurzbunchbetrieb in Hinsicht auf ihre Auswirkung auf die horizontale und longitudinale Strahlposition untersucht. Der Aufbau zur Messung des horizontalen Strahlprofils soll in Zukunft verwendet werden, um diese detaillierter zu untersuchen. Erste Tests im Kurzbunchbetrieb konnten im Rahmen dieser Arbeit durchgeführt werden, systematische Studien werden folgen. Im Folgenden werden erste Beobachtungen kurz diskutiert.

Da die horizontale Strahlbewegung auch im Kurzbunchbetrieb von der Synchrotronfrequenz dominiert wird (vgl. Abb. 4.5 (b)), wird nicht erwartet,

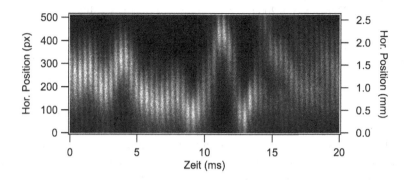

Abbildung 6.14: Messung des zeitlichen Verlaufs des horizontalen Strahlprofils während eines Aussschnitts der Energierampe ($E \approx$
1,09 GeV) und der damit einhergehenden Änderungen der
Magnetoptik. Es sind starke, unregelmäßige Auslenkungen
der Bunche zu beobachten, die für den erhöhten Strom-
verlust im Verlauf der Energierampe verantwortlich sein
können.

eine Änderung der Strahlposition durch das Auftreten von Strahlungsausbrüchen und die dadurch entstehenden Strahlungsverluste beobachten zu
können. Dagegen jedoch bewirken diese eine Erhöhung der Impulsunschärfe,
abhängig von der verwendeten Optik und dem Strahlstrom um einen Faktor
von bis zu 1,5 [31, S. 77 - 79]. Wegen Gleichung 2.19 kommt es zu einem
Ansteigen der Strahlgröße während der Strahlungsausbrüche. Für eine der
im Kurzbunchbetrieb verwendeten Optiken beträgt die anhand von Simulationen ermittelte Strahlgröße $\sigma_x = 435\,\mu m$, als Auswirkung der Impulsun-
schärfeoszillation wird eine periodische Vergrößerung in der Größenordnung
von 10% erwartet. Da in den bisherigen Messungen im Kurzbunchbetrieb
keine signifikante Oszillation der Strahlgröße durch die Synchrotronschwingung beobachtet wurde (vgl. Abschnit 6.2.1), besteht die Möglichkeit, die
Größenoszillation mit der Frequenz der Strahlungsausbrüche zu beobachten.

Erste Messungen, dargestellt in Abbildung 6.15, deuten eine Periodizität
der gemessenen Strahlgröße an. Die Maxima der Strahlgröße weisen einen
zeitlichen Abstand von 5 − 6 ms auf, dies passt gut zu den erwarteten Fre-

quenzen im Bereich um 200 Hz (vgl. Abb. 4.4). Mit Strahlgrößen zwischen
390 µm und 450 µm weisen diese Schwankungen von 15% auf, bei einer minimalen Strahlgröße, die unterhalb des für diese Magnetoptik theoretischen
Wertes liegt. Wie die in Abbildung 4.1 dargestellten Ausbrüche von CSR im
THz-Bereich zeigen, wird weder eine sinusartige Schwingung erwartet, noch
besitzen alle Ausbrüche einen identischen zeitlichen Verlauf. Daher sollten
für weitere Studien zur besseren Interpretation der Ergebnisse zeitgleich zu
den Aufnahmen des Strahlprofils Messungen des THz-Signals, vergleichbar
zu Abbildung 4.1, durchgeführt werden. So kann die zeitliche Struktur der
beiden Beobachtungen verglichen werden. Für zukünftige Messungen soll die
Sensitivität des Aufbaus dahingehend verbessert werden, statistische Fluktuationen von Größe und Position zu minimieren, um die periodischen Effekte besser wahrnehmen zu können.

Ein weiterer Effekt, der im Kurzbunchbetrieb auftritt, ist eine unregelmäßige
Modulation der Amplitude der in der horizontalen Ebene sichtbaren Synchrotronoszillation. Dies ist in Abbildung 6.16 dargestellt. Eine mögliche Ursache hierfür sind Microbunching-Instabilitäten, bei welchen vorübergehende
Strahlungsausbrüche eine Dämpfung der Synchrotronoszillation bewirken.

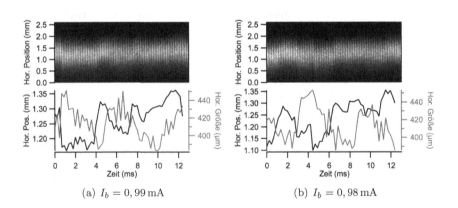

(a) $I_b = 0,99\,\mathrm{mA}$ (b) $I_b = 0,98\,\mathrm{mA}$

Abbildung 6.15: Die im Kurzbunchbetrieb getätigten Aufnahmen deuten auf
                eine Oszillation der Strahlgröße hin. Die Abstände der Ma-
                xima passen zu den typischen Frequenzen der im THz-
                Signal sichtbaren Strahlungsausbrüche.

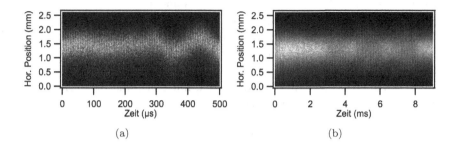

(a)   (b)

Abbildung 6.16: Die im Kurzbunchbetrieb getätigten Aufnahmen mit unterschiedlichen Zeitskalen zeigen das Einsetzen einer horizontal sichtbaren Oszillation der Strahlposition durch die
Synchrotronschwingung (a), sowie über längere Zeit hinweg
eine periodische Amplitudenmodulation (b).

Für weitere Untersuchungen zu diesem Thema sind gleichzeitige Messungen
der longitudinalen Bunchposition und der Bunchlänge mit Hilfe der Streak
Camera nützlich, um eine Korrelation der transversalen zur longitudinalen
Bewegung der Bunche aufzeigen zu können. Außerdem können, wie oben
beschrieben, die Messungen des THz-Signals verwendet werden, um die zeitlichen Strukturen der Effekte zu vergleichen.

6.2.3.4 Asynchrones Sampling

Für die meisten beschleunigerphysikalischen Studien ist es wichtig, dass ein
optisches Gate immer für den Lichtpuls eines einzelnen Bunches erfolgt,
sowie nur für konsekutive Lichtpulse desselben Bunches. Die in Abschnitt
5.2.1 erläuterte Messung der minimalen Gatebreite zeigt, dass für die kleinst-
mögliche einstellbare Gatebreite lediglich ein einzelner Lichtpuls abgebildet
wird, des Weiteren ermöglicht das ANKA Timing System die Nutzung eines
umlaufsynchronen Triggers zum Auslösen der optischen Gates [43].

Es sind jedoch auch Untersuchungen denkbar, bei denen diese Anforderungen nicht zutreffen. Zum Beispiel kann die Frage gestellt werden, ob die sichtbaren, periodischen Bewegungen des Schwerpunktes verschiedener Bunche
phasengleich erfolgen, da durch die Wechselwirkungen zwischen den einzelnen Bunchen eine Korrelation zwischen den Phasen der Bunchoszillationen

erfolgen kann. Für die mit Hilfe des Strahlprofilmonitors gut zu beobachtende Synchrotronschwingung sind verschiedene Messprinzipien denkbar, um dies qualitativ und quantitativ zu untersuchen. Voraussetzungen für die beiden im Folgenden nur kurz erläuterten Methoden sind eine Maschineneinstellung, die eine ausreichend ausgeprägte Synchrotronschwingung zulässt, und Einstellungen für Kamera und Spiegel, mit denen die Beobachtung einiger Schwingungsperioden möglich ist.

Eine Möglichkeit der qualitativen Untersuchung solcher Prozesse liegt darin, die Breite des optischen Gates manuell zu vergrößern. Wird diese zum Beispiel auf einen Wert von 4 ns erhöht, werden auf dem Sensor zwei benachbarte Bunche an derselben Position abgebildet, für einen Wert von 8 ns vier Bunche und so weiter. Hierbei kann davon ausgegangen werden, dass die Ablenkung des Pulses durch den rotierenden Spiegel während einer Gateöffnung vernachlässigbar klein ist. Außerdem ist die Frequenz der Synchrotronoszillation sehr klein im Vergleich zur Umlauffrequenz, somit kann der Phasenvorschub eines einzelnen Bunches innerhalb der Gateöffnung ebenfalls vernachlässigt werden.

Führen alle Bunche die Oszillation in derselben Phase durch, werden die Bunche stets eine Auslenkung in dieselbe Richtung, womöglich mit ähnlicher Amplitude, aufweisen. Somit wird die Synchrotronschwingung für Aufnahmen mit hohen Gatebreiten weiterhin sichtbar bleiben. Im Falle eines endlichen Phasenvorschubs pro Bunch überlagern sich die Pulse benachbarter Bunche derart, dass eine Abschwächung der Oszillation entsteht. Wird die Gatebreite so gewählt, dass der Phasenvorschub vom ersten bis zum letzten abgebildeten Bunch im Bereich von 2π oder höher liegt, verschwindet die Oszillation vollständig. Ein erster Test einer solchen Messung ist in Abbildung 6.17 dargestellt. Während in (a) die Gatebreite dem minimal erreichbaren Wert entspricht und somit nur ein einzelner Bunch abgebildet wird, wird die Gatebreite sukzessive bis auf 7,5 ns erhöht (d), sodass hier jedes aufgenommene Profil den Lichtpulsen von vier aufeinanderfolgenden Bunchen für einen Umlauf entspricht. Die beschriebene, scheinbare Abschwächung der Oszillation von (a) bis (c) ist deutlich zu erkennen, in (d) ist mit bloßem Auge keine Synchrotronoszillation mehr sichtbar. Dies lässt den Schluss zu, dass der Phasenvorschub pro Bunch im Bereich von $\pm\pi/2$ liegt. Diese Methode liefert jedoch lediglich eine sehr grobe Abschätzung des Phasenvorschubs. Messungen der gekoppelten Bunchbewegung mit dem BBB Feedbacksystem analog zu den in [22] vorgestellten Messungen der Schwingungsmoden zei-

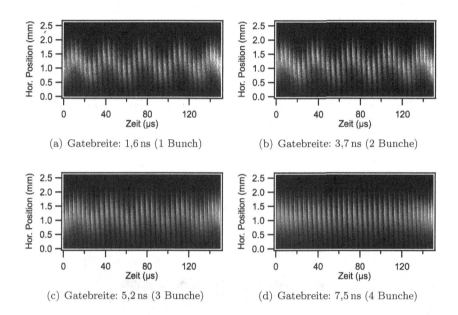

(a) Gatebreite: 1,6 ns (1 Bunch) (b) Gatebreite: 3,7 ns (2 Bunche)

(c) Gatebreite: 5,2 ns (3 Bunche) (d) Gatebreite: 7,5 ns (4 Bunche)

Abbildung 6.17: Messungen mit verschiedenen Öffnungszeiten der optischen Gates. Für Öffnungszeiten über 2 ns sind die zu erkennenden Profile als Integration über die Lichtpulse mehrerer aufeinanderfolgender Bunche zu verstehen. Das kontinuierliche Verschwinden der Synchrotronoszillation entsteht durch die Phasendifferenz zwischen den einzelnen Bunchen. Bei einer Integration über vier Bunche (d) ist die Schwingung nicht mehr zu erkennen, was auf einen Phasenvorschub pro Bunch von $\pm\pi/2$ hindeutet. Dies entspricht sehr gut den Messungen der gekoppelten Bunchbewegung mit Hilfe des BBB Feedbacksystems [22].

gen einen Phasenvorschub pro Bunch von ~0,49 π und bestätigen somit die vorgestellte Messmethode.

Für die zweite Methode wird die Breite des optischen Gates auf den minimal erreichbaren Wert festgelegt, sodass, wie gehabt, ein einzelner Lichtpuls pro Gate auf den Sensor fällt. Im Vergleich zu den bisher gezeigten Messungen wird jedoch das Triggersignal für das Auslösen von optischen Gates so verändert, dass diese nicht immer für denselben Bunch geöffnet werden. In Abbildung 6.18 ist eine Messung dargestellt, bei welcher zwischen zwei konsekutiven Lichtpulsen exakt 13,5 Umläufe liegen. Somit stammen die aufgezeichneten Profile alternierend von zwei verschiedenen Bunchen, separiert durch einen halben Umlauf. Dies ist anhand der Kreise und Dreiecke als

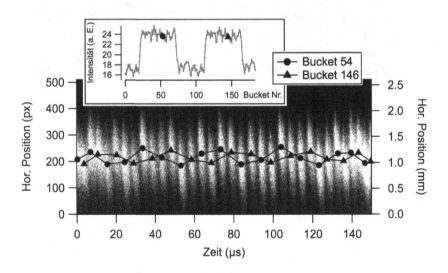

Abbildung 6.18: Durch die Verwendung eines angepassten Triggersignals wurden alternierend die Lichtpulse zweier verschiedener Bunche aufgenommen. Oben ist das Füllmuster zu erkennen, markiert sind die beiden ausgewählten Bunche. In der Aufnahme verbinden die Linien zwischen den Punkten jeweils die Positionen der einzelnen Bunche. Diese deuten auf eine nahezu gegenphasige Schwingung der beiden hin.

Messpunkte und den beiden Verbindungslinien dargestellt. Es ist zu erkennen, dass die Oszillation der beiden Bunche nahezu gegenphasig verläuft.

Die beiden, hier nur angedeuteten Messverfahren zeigen, dass mit dem in dieser Arbeit aufgebauten System Untersuchungen der Strahldynamik über die Beobachtung einzelner Bunche hinaus möglich sind. Dies zeigt, in Verbindung mit den weiteren, in diesem Kapitel vorgestellten Studien, die Vielseitigkeit des Aufbaus als Instrument der Strahldiagnose.

7 Zusammenfassung

Im Rahmen dieser Arbeit wurden die Einflüsse der kohärenten Synchrotronstrahlung und der damit einhergehenden Instabilitäten auf die Strahldynamik an der Synchrotronstrahlungsquelle ANKA untersucht, sowie ein experimenteller Aufbau zur Beobachtung der Evolution des horizontalen Strahlprofils auf kurzen Zeitskalen installiert.

Für die Untersuchungen der Strahldynamik wurde zunächst das an ANKA installierte Bunch-By-Bunch Feedbacksystem verwendet, um basierend auf Strahllagemonitoren den zeitlichen Verlauf der horizontalen und longitudinalen Bunchposition zu bestimmen. Parallel hierzu wurde der zeitliche Verlauf der kohärenten Synchrotronstrahlungsleistung im Breich der THz-Strahlung gemessen. Es konnte gezeigt werden, dass die zeitlichen Entwicklungen dieser Signale deutliche Ähnlichkeiten aufweisen. Darüber hinaus wurden Erklärungsansätze für die Verknüpfung der Instabilitäten mit der Strahldynamik vorgestellt.

Im zweiten Teil der Arbeit wurde ein System zur Messung der zeitlichen Entwicklung des horizontalen Strahlprofils geplant, an der Visible Light Diagnostics Beamline an ANKA installiert und in Betrieb genommen. Für die Installation des Experiments wurde der optische Aufbau der Beamline an die notwendigen Bedingungen angepasst, sowie ein Kommunikationsschema und eine angepasste Software zur Steuerung der verschiedenen Komponenten und der Aufnahme von Messdaten entwickelt.

Die Messung langfristiger Veränderungen der Strahlgröße mit reduziertem Messaufbau zeigt Übereinstimmungen mit anderen Diagnostikinstrumenten an ANKA, sowie deutliche Abhängigkeiten der horizontalen Strahldynamik vom Betriebsmodus des Beschleunigers, der Strahlenergie und der verwendeten Magnetoptik.

Unter Verwendung des vollständigen Aufbaus wurden erste Studien der zeitaufgelösten, gleichzeitigen Messung der Strahllage und -größe durchgeführt. Die Dynamik der Synchrotronoszillation und dazu korrelierte Oszillationen der horizontalen Strahlgröße wurden untersucht, sowie Messungen

der Dämpfungszeit der kollektiven horizontalen Betatronschwingung durchgeführt. Diese stehen in guter Übereinstimmung mit vorausgegangenen Messungen an ANKA. Weiterhin konnte mit dem vorgestellten Aufbau erstmalig
die Dämpfungszeit der horizontalen Strahlgröße gemessen werden.

Anhand von Beispielmessungen mit dem aufgebauten System zeigt sich, dass
dieses wegen der gleichzeitigen Messung von Strahllage und -größe auf der
Basis von Einzelschussmessungen an ANKA neue Möglichkeiten der Strahldiagnose eröffnet.

Für zukünftige Untersuchungen kann das externe Auslösen von Messungen
mit dem aufgebauten System nicht nur dafür verwendet werden, diese zeitlich mit Veränderungen im Speicherring zu korrelieren, sondern darüber
hinaus die gleichzeitige Messung von unterschiedlichen Größen mit Hilfe
verschiedener Instrumente zu ermöglichen. So kann das aufgebaute System
verwendet werden, um das Verständnis für die Strahldynamik in Speicherringen, insbesondere im Hinblick auf das Verhalten während des Auftretens
von Instabilitäten, zu verbessern.

Abkürzungsverzeichnis

ANKA   ÅNgströmquelle KArlsruhe

BBB   Bunch-By-Bunch Feedbacksystem

CSR   (engl.) Coherent Synchrotron Radiation (kohärente Synchrotronstrahlung)

KIT   Karlsruher Institut für Technologie

RF   (engl.) Radio Frequency (Hochfrequenz)

RMS   (engl.) Root Mean Square (Quadratischer Mittelwert)

SLM   (engl.) Synchrotron Light Monitor (Synchtronstrahlungsmonitor)

TTL   Transistor-Transistor-Logik

VLDB   (engl.) Visible Light Diagnostics Beamline

Literaturverzeichnis

[1] E.J.N. Wilson. Fifty years of synchrotrons. *Conf.Proc.*, C960610:135–139, 1996.

[2] T. Nakazato et al. Observation of coherent synchrotron radiation. *Phys. Rev. Lett.*, 63:1245–1248, Sep 1989.

[3] A.-S. Müller et al. Experimental Aspects of CSR in the ANKA Storage Ring. In *ICFA Beam Dynamics Newsletter*, volume 57, Seiten 154 - 165, 2012.

[4] N. Hiller. *Electro-Optical Bunch Length Measurements at the ANKA Storage Ring*. Dissertation, Karlsruher Institut für Technologie, 2013.

[5] M. Brosi. *Untersuchung des Burstingverhaltens von Synchrotronstrahlung im THz-Bereich*. Masterarbeit, Karlsruher Institut für Technologie, 2014.

[6] P. Schreiber. *Vergleich der zeitlichen Strukturen von Strahlungsausbrüchen der kohärenten Synchrotronstrahlung*. Bachelorarbeit, Karlsruher Institut für Technologie, 2015.

[7] K. Wille. *Physik der Teilchenbeschleuniger und Synchrotronstrahlungsquellen : Eine Einführung*. Teubner, 1996.

[8] M. J. Nasse et al. Status of the Accelerator Physics Test Facility FLUTE. In *Proceedings of IPAC'15, Richmond, VA, USA*, TUPWA042, 2015.

[9] W. Decking et al. European XFEL Construction Status. In *36th International Free Electron Laser Conference, FEL 2014, Basel, Switzerland*, WEB03, 2014.

[10] J. Seeman. The Stanford Linear Collider. SLAC-PUB-5607, 1991.

[11] International Linear Collider. The International Linear Collider: Technical Design Report. https://www.linearcollider.org/ILC/Publications/Technical-Design-Report.

[12] L. Evans und P. Bryant. LHC Machine. *JINST Journal of Instrumentation*, 3:S08001, 2008.

[13] S. E. Combs, O. Jäkel, T. Haberer, und J. Debus. Particle therapy at the Heidelberg Ion Therapy Center (HIT) - Integrated research-driven university-hospital-based radiation oncology service in Heidelberg, Germany. *Radiotherapy and Oncology*, 95: Seiten 41 – 44, 2010.

[14] H. Wiedemann. *Particle Accelerator Physics*. Springer, 2007.

[15] M. Klein et al. Modeling the Low-Alpha-Mode at ANKA with the Accelerator Toolbox. In *Proceedings of 2011 Particle Accelerator Conference, New York, NY, USA*, WEP005, 2011.

[16] A.-S. Müller. *Vorlesungsfolien "Beschleunigerphysik I"*, Karlsruher Institut für Technologie.

[17] V. Judin. *Untersuchung von Bunch-Bunch-Wechselwirkungen und des Einflusses der geometrischen Impedanz bei der Erzeugung kohärenter THz-Strahlung*. Dissertation, Karlsruher Institut für Technologie, 2013.

[18] K.Y. Ng. Physics of Intensity Dependent Beam Instabilities. FERMILAB-FN-0713, 2002.

[19] K. Bane, S Krinsky, und J. B. Murphy. Longitudinal Potential Well Distortion Due to the Synchrotron Radiation Wakefield. In *AIP Conference Proceedings*, volume 367, Seiten 191 - 198, 1996.

[20] Konstruktionsabteilung des IBPT, Karlsruher Institut für Technologie, 2015.

[21] B. Kehrer et al. Filling Pattern Measurements at the ANKA Storage Ring. In *Proceedings of IPAC2011, San Sebastián, Spain*, TUPC087, 2011.

[22] E. Hertle et al. First Results of the new Bunch-By-Bunch Feedback System at ANKA. In *Proceedings of the 5th International Particle Accelerator Conference, 2014*, TUPRI074, 2014.

[23] N. Hiller et al. Status of Bunch Deformation and Lengthening Studies at the ANKA Storage Ring. In *Proceedings of IPAC2011, San Sebastián, Spain*, THPC021, 2011.

[24] N. Hiller. *Bestimmung der Synchrotronstrahlungspulslänge am ANKA-Speicherring*. Diplomarbeit, Karlsruher Institut für Technologie, 2009.

[25] E-Mail-Konversation mit N. Hiller und E. Huttel, 12.06.2015.

[26] W. Demtröder. *Experimentalphysik 2 : Elektrizität und Optik*. Springer Spektrum, 2013.

[27] Y.-L. Mathis, B. Gasharova, und D. Moss. Terahertz Radiation at ANKA, the New Synchrotron Light Source in Karlsruhe. *Journal of Biological Physics*, 29: Seiten 313–318, 2003.

[28] ACST. Advanced Compound Semiconductor Technologies (ACST) GmbH. http://www.acst.de. Zuletzt abgerufen am 08.06.2015.

[29] ACST GmbH. Flyer: UWB Quasi-optical Detectors up to 2 THz. http://www.acst.de/downloads/ACST_Flyer_Quasi_Optical_Detector.pdf. Zuletzt abgerufen am 08.06.2015.

[30] H. H. Braun, R. Corsini, L. Groening, F. Zhou, A. Kabel, T. O. Raubenheimer, R. Li, und T. Limberg. Emittance Growth and Energy Loss due to Coherent Synchrotron Radiation in a Bunch Compressor. *Phys. Rev. ST Accel. Beams*, 3:124402, 2000.

[31] M. Klein. *Optics Calculations and Simulations of Longitudinal Beam Dynamics for the Low-α Mode at ANKA*. Dissertation, Karlsruher Institut für Technologie, 2012.

[32] A.-S. Müller et al. Studies of Current Dependent Effects at ANKA. In *Proceedings of EPAC 2004, Luzern, Schweiz*, WEPLT070, 2004.

[33] Y. Schön. *Ein Quellpunktabbildungssystem für den ANKA-Elektronenstrahl*. Bachelorarbeit, Karlsruher Institut für Technologie, 2014.

[34] M. Holz. *Bestimmung der transversalen Elektronenstrahlgröße am ANKA Speicherring*. Masterarbeit, Hochschule Karlsruhe – Technik und Wirtschaft, 2014.

[35] A.-S. Müller et al. Precise Measurements of the Vertical Beam Size in the ANKA Storage Ring with an In-air X-ray Detector. In *Proceedings of EPAC 2006, Edinburgh, Scotland*, TUPCH032, 2006.

[36] O. Chubar und P. Elleaume. Accurate and Efficient Computation of Synchrotron Radiation in the Near Field Region. In *Proceedings of the EPAC98 Conference*, THP01G, 1998.

[37] Cambrige Technology. `http://www.camtech.com`. Zuletzt abgerufen am 21.05.2015.

[38] Telefongespräch mit Hr. Cewinski, GSI Lumonics, am 01.09.2014.

[39] Red Pitaya. `http://redpitaya.com`. Zuletzt abgerufen am 21.05.2015.

[40] Andor Technology Ltd. The technology behind ICCDs. `http://www.andor.com/learning-academy/intensified-ccd-cameras-the-technology-behind-iccds`. Zuletzt abgerufen am 21.05.2015.

[41] Andor Technology Ltd. Broschüre: The iStar ICCD. `http://www.andor.com/pdfs/literature/Andor_iStar_ICCD_Brochure.pdf`. Zuletzt abgerufen am 24.06.2015.

[42] Andor Technology Ltd. `http://www.andor.com`. Zuletzt abgerufen am 21.05.2015.

[43] A. Hofmann et al. Single Bunch Operation at ANKA: Gun Performance, Timing and First Results. In *Proceedings of IPAC'10, Kyoto, Japan*, MOPD094, 2010.

[44] The HDF Group. HDF5. `https://www.hdfgroup.org/HDF5/`. Zuletzt abgerufen am 11.06.2015.

[45] Andor Technology Ltd. User's Guide: New iStar ICCD.

[46] The MathWorks GmbH. MATLAB. `http://de.mathworks.com/products/matlab/`. Zuletzt abgerufen am 11.06.2015.

[47] M. Sands. *The Physics of Electron Storage Rings: An Introduction.* 1970. SLAC-R-121.

[48] S. Y. Lee. *Accelerator physics.* World Scientific, 2007.

[49] A. Chao. *Physics of Collective Beam Instabilities in High Energy Accelerators.* Wiley, 1993.

[50] A.-S. Müller et al. Analysis of Multi-Turn Beam Position Measurements in the ANKA Storage Ring. In *Proceedings of PAC07, Albuquerque, New Mexico, USA*, FRPMN022, 2007.

[51] A. Fabris et al. Coupled Bunch Instability Calculations for the ANKA Storage Ring. In *Proceedings of the EPAC98 Conference*, THP04E, 1998.

[52] J. Feikes. Detuning due to Sextupoles. In *Proceedings of EPAC94, London, Great Britain*, Seiten 896 - 898, 1994.

Danksagung

An dieser Stelle möchte ich mich bei all denen bedanken, die zum Gelingen dieser Arbeit beigetragen haben.

Besonders bedanke ich mich bei Prof. Dr. Anke-Susanne Müller, nicht nur für die Möglichkeit, meine Masterarbeit an ANKA durchzuführen, sondern auch für ihre Unterstützung durch zahlreiche Diskussionen und Ideen.

Bei Prof. Dr. Günter Quast möchte ich mich sehr herzlich für die Bereitschaft zum Korreferat bedanken.

Für die Hilfsbereitschaft aller Kollegen während der letzten Jahre und das hervorragende Arbeitsklima danke ich der gesamten THz-Gruppe sehr. Im Rahmen der Arbeitsgruppe möchte ich ganz besonders Nicole Hiller und Benjamin Kehrer für die großartige Betreuung während dieser Arbeit danken. Edmund Hertle danke ich nicht nur für die zahlreichen Stunden im Kontrollraum während der Messzeiten, sondern auch für die Hilfe bei den Messungen und für die Bedienung des Feedbacksystems. Auch Miriam Brosi und Johannes Steinmann seien wegen ihrer Unterstützung bei diversen Messungen dankend erwähnt. Ein herzliches Danke geht an Patrik Schönfeldt für die Mitarbeit bei der Planung des Messaufbaus, an Daniela Breitmeier für die Hilfe beim Aufbau der elektronischen Schaltungen sowie an Nigel Smale, der für das gute Timing verantwortlich ist.

Abschließend möchte ich mich bei meiner Familie bedanken, die mich während des kompletten Studiums unterstützt, motiviert und für den nötigen Rückhalt gesorgt hat.

Printed in the United States
By Bookmasters